아이가 주인공인 책

아이는 스스로 생각하고 매일 성장합니다.
부모가 아이를 존중하고 그 가능성을 믿을 때
새로운 문제들을 스스로 해결해 나갈 수 있습니다.

<기적의 학습서>는 아이가 주인공인 책입니다.
탄탄한 실력을 만드는 체계적인 학습법으로
아이의 공부 자신감을 높여 줍니다.

아이의 가능성과 꿈을 응원해 주세요.
아이가 주인공인 분위기를 만들어 주고,
작은 노력과 땀방울에 큰 박수를 보내 주세요.
<기적의 학습서>가 자녀 교육에 힘이 되겠습니다.

기적의 계산법 응용 up

초등 3학년

5권

기적의 계산법 응용UP · 5권

초판 발행 2021년 1월 15일
초판 10쇄 발행 2024년 2월 14일

지은이 기적학습연구소
발행인 이종원
발행처 길벗스쿨
출판사 등록일 2006년 7월 1일
주소 서울시 마포구 월드컵로 10길 56(서교동)
대표 전화 02)332-0931 | **팩스** 02)333-5409
홈페이지 school.gilbut.co.kr | **이메일** gilbut@gilbut.co.kr

기획 김미숙(winnerms@gilbut.co.kr) | **책임편집** 홍현경
제작 이준호, 손일순, 이진혁, 김우식 | **영업마케팅** 문세연, 박선경, 박다슬 | **웹마케팅** 박달님, 이재윤
영업관리 김명자, 정경화 | **독자지원** 윤정아
디자인 정보라 | **표지 일러스트** 김다예 | **본문 일러스트** 류은형
전산편집 글사랑 | **CTP 출력·인쇄·제본** 벽호

ISBN 979-11-6406-299-7 64410
(길벗스쿨 도서번호 10726)

정가 9,000원

....

독자의 1초를 아껴주는 정성 길벗출판사

길벗스쿨 | 국어학습서, 수학학습서, 유아콘텐츠유닛, 주니어어학, 어린이교양, 교과서, 길벗스쿨콘텐츠유닛
길벗 | IT실용서, IT/일반 수험서, IT전문서, 경제실용서, 취미실용서, 건강실용서, 자녀교육서
더퀘스트 | 인문교양서, 비즈니스서

기적학습연구소 **수학연구원 엄마**의 **고군분투서!**

저는 게임과 유튜브에 빠져 공부에는 무념무상인 아들을 둔 엄마입니다.

오늘도 아들이 조금 눈치를 보는가 싶더니 '잠깐만, 조금만'을 일삼으며 공부를 내일로 또 미루네요.

'그래, 공부보다는 건강이지.' 스스로 마음을 다잡다가도 고학년인데 여전히 공부에

관심이 없는 녀석의 모습을 보고 있자니 저도 모르게 한숨이…….

5학년이 된 아들이 일주일에 한두 번씩 하교 시간이 많이 늦어져서 하루는 앉혀 놓고 물어봤습니다.

수업이 끝나고 몇몇 아이들은 남아서 틀린 수학 문제를 다 풀어야만 집에 갈 수 있다고 하더군요.

맙소사, 엄마가 회사에서 수학 교재를 십수 년째 만들고 있는데, 아들이 수학 나머지 공부라니요? 정신이 번쩍 들었습니다.

저학년 때는 어쩌다 반타작하는 날이 있긴 했지만 곧잘 100점도 맞아 오고 해서 '그래, 머리가 나쁜 건 아니야.' 하고 위안을 삼으며

'아직 저학년이잖아. 차차 나아지겠지.'라는 생각에 공부를 강요하지 않았습니다.

그런데 아이는 어느새 훌쩍 자라 여느 아이들처럼 수학 좌절감을 맛보기 시작하는 5학년이 되어 있었습니다.

학원에 보낼까 고민도 했지만, 그래도 엄마가 수학 전문가인데… 영어면 모를까 내 아이 수학 공부는 엄마표로 책임져 보기로 했습니다.

아이도 나머지 공부가 은근 자존심 상했는지 엄마의 제안을 순순히 받아들이더군요. 매일 계산법 1장, 문장제 1장, 초등수학 1장씩 수학 공부를 시작했습니다. 하지만 기초도 부실하고 학습 습관도 안 잡힌 녀석이 갑자기 하루 3장씩이나 풀다보니 힘에 부쳤겠지요.

호기롭게 시작한 수학 홈스터디는 공부량을 줄이려는 아들과의 전쟁으로 변질되어 갔습니다. 어떤 날은 애교와 엄살로 3장이 2장이 되고, 어떤 날은 울음과 샤우팅으로 3장이 아예 없던 일이 되어버리는 등 괴로움의 연속이었죠. 문제지 한 장과 게임 한 판의 딜이 오가는 일도 비일비재했습니다. 곧 중학생이 될 텐데… 엄마만 조급하고 녀석은 점점 잔꾀만 늘어가더라고요. 안 하느니만 못한 수학 공부 시간을 보내며 더이상 이대로는 안 되겠다 싶은 생각이 들었습니다. 이 전쟁을 끝낼 묘안이 절실했습니다.

우선 아이의 공부력에 비해 너무 과한 욕심을 부리지 않기로 했습니다. 매일 퇴근길에 계산법 한쪽과 문장제 한쪽으로 구성된 아이만의 맞춤형 수학 문제지를 한 장씩 만들어 갔지요. 그리고 아이와 함께 풀기 시작했습니다. 앞장에서 꼭 필요한 연산을 익히고, 뒷장에서 연산을 적용한 문장제나 응용문제를 풀게 했더니 응용문제도 연산의 연장으로 받아들이면서 어렵지 않게 접근했습니다. 아이 또한 확 줄어든 학습량에 아주 만족해하더군요. 물론 평화가 바로 찾아온 것은 아니었지만, 결과는 성공적이었다고 자부합니다.

이 경험은 <기적의 계산법 응용UP>을 기획하고 구현하게 된 시발점이 되었답니다.

1. 학습 부담을 줄일 것! 딱 한 장에 앞 연산, 뒤 응용으로 수학 핵심만 공부하게 하자.

2. 문장제와 응용은 꼭 알아야 하는 학교 수학 난이도만큼만! 성취감, 수학자신감을 느끼게 하자.

3. 욕심을 버리고, 매일 딱 한 장만! 짧고 굵게 공부하는 습관을 만들어 주자.

이 책은 위 세 가지 덕목을 갖추기 위해 무던히 애쓴 교재입니다.

<기적의 계산법 응용UP>이 저와 같은 고민으로 괴로워하는 엄마들과 언젠가는 공부하는 재미에

푹 빠지게 될 아이들에게 울트라 종합비타민 같은 선물이 되길 진심으로 바랍니다.

길벗스쿨 기적학습연구소에서

매일 한 장으로 완성하는 **응용UP 학습설계**

Step 1
핵심개념 이해

▶ 단원별 핵심 내용을 시각화하여 정리하였습니다. 연산방법, 개념 등을 정확하게 이해한 다음, 사진을 찍듯 머릿속에 담아 두세요. 개념정리만 묶어 나만의 수학개념모음집을 만들어도 좋습니다.

Step 2
연산 + 응용 균형학습

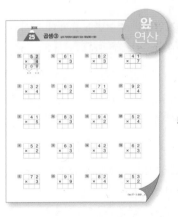

뒤집으면

▶ 앞 연산, 뒤 응용으로 구성되어 있어 매일 한 장 학습으로 연산훈련 뿐만 아니라 연산적용 응용문제까지 한번에 학습할 수 있습니다. 매일 한 장씩 뜯어서 균형잡힌 연산 훈련을 해 보세요.

Step 3
평가로 실력점검

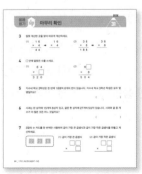

▶ 점수도 중요하지만, 얼마나 이해하고 있는지를 아는 것이 더 중요합니다. 배운 내용을 꼼꼼하게 확인하고, 틀린 문제는 앞으로 돌아가 한번 더 연습하세요.

▶ 매일 연산+응용으로 균형 있게 훈련합니다.

매일 하는 수학 공부, 연산만 편식하고 있지 않나요?
수학에서 연산은 에너지를 내는 탄수화물과 같지만,
그렇다고 밥만 먹으면 영양 불균형을 초래합니다.
튼튼한 근육을 만드는 단백질도 꼭꼭 챙겨 먹어야지요.
기적의 계산법 응용UP은 매일 한 장 학습으로
계산력과 응용력을 동시에 훈련할 수 있도록 만들었습니다.
앞에서 연산 반복훈련으로 속도와 정확성을 높이고,
뒤에서 바로 연산을 활용한 응용 문제를 해결하면서
문제이해력과 연산적용력을 키울 수 있습니다.
균형잡힌 연산 + 응용으로 수학기본기를 빈틈없이 쌓아 나갑니다.

▶ 다양한 응용 유형으로 폭넓게 학습합니다.

반복연습이 중요한 연산, 유형연습이 중요한 응용!
문장제형, 응용계산형, 빈칸추론형, 논리사고형 등 다양한 유형의 응용 문제에 연산을 적용해 보면서
연산에 대한 수학적 시야를 넓히고, 튼튼한 수학기초를 다질 수 있습니다.

| 문장제형 | | 응용계산형 | | 빈칸추론형 | | 논리사고형 |

▶ 뜯기 한 장으로 언제, 어디서든 공부할 수 있습니다.

한 장씩 뜯어서 사용할 수 있도록 칼선 처리가 되어 있어
언제 어디서든 필요한 만큼 쉽게 공부할 수 있습니다.
매일 한 장씩 꾸준히 풀면서 공부 습관을 길러 봅니다.

차 례

01
덧셈과 뺄셈

· 학습기록표 ·

학습일차	학습 내용	날짜	맞은 개수	
			연산	응용
DAY 1	**덧셈①** 받아올림이 1번 있는 (세 자리 수)+(세 자리 수) 계산	/	/15	/4
DAY 2	**덧셈②** 받아올림이 2번, 3번 있는 (세 자리 수)+(세 자리 수) 계산	/	/15	/9
DAY 3	**덧셈③** 세로셈 연습	/	/15	/1
DAY 4	**덧셈④** 가로셈 연습	/	/12	/5
DAY 5	**뺄셈①** 받아내림이 1번 있는 (세 자리 수)-(세 자리 수) 계산	/	/15	/8
DAY 6	**뺄셈②** 받아내림이 2번 있는 (세 자리 수)-(세 자리 수) 계산	/	/15	/8
DAY 7	**뺄셈③** 세로셈 연습	/	/15	/5
DAY 8	**뺄셈④** 가로셈 연습	/	/12	/4
DAY 9	**덧셈과 뺄셈 종합①** 세 자리 수의 덧셈과 뺄셈 연습	/	/15	/2
DAY 10	**덧셈과 뺄셈 종합②** 세 자리 수의 덧셈과 뺄셈 연습	/	/12	/5
DAY 11	**어떤 수 구하기①** 덧셈식에서 어떤 수 구하기	/	/10	/5
DAY 12	**어떤 수 구하기②** 뺄셈식에서 어떤 수 구하기	/	/10	/5
DAY 13	**마무리 확인**	/		/18

책상에 붙여 놓고
매일매일 기록해요.

1. 덧셈과 뺄셈

(세 자리 수) + (세 자리 수)

계산 방법

백	십	일
	1	
5	6	8
+ 7	8	5
		3

백	십	일
1	1	
5	6	8
+ 7	8	5
	5	3

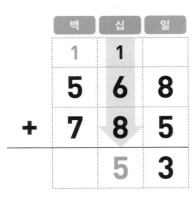

천	백	십	일
	1	1	
	5	6	8
+	7	8	5
1	3	5	3

원리 이해

❶ 일의 자리끼리 계산하기

8 + 5 = 13

└─ 3은 일의 자리에 쓰세요.

└─ 1은 십의 자리로
받아올림해서 쓰세요.

❷ 십의 자리끼리 계산하기

┌ 받아올림한 수도 빠트리지 않고 더해요.

1̄ + 6 + 8 = 15

└─ 5는 십의 자리에 쓰세요.

└─ 1은 백의 자리로
받아올림해서 쓰세요.

❸ 백의 자리끼리 계산하기

┌ 받아올림한 수도 빠트리지 않고 더해요.

1̄ + 5 + 7 = 13

└─ 3은 백의 자리에 쓰세요.

└─ 1은 천의 자리로
받아올림해서 쓰세요.

계산 방법

원리 이해

백	십	일
	2	10
7	3̸	4
− 2	5	8
		6

❶ 일의 자리끼리 계산하기

$$10 + \underline{4} - 8 = \underline{6}$$

6은 일의 자리에 쓰세요.

4−8을 할 수 없으므로
십의 자리에서 10을 받아내림해요.

백	십	일
6	12	10
7̸	3̸	4
− 2	5	8
	7	6

❷ 십의 자리끼리 계산하기

받아내림한 수 1을 빼야 해요.

$$\underline{10} + 3 - \overline{1} - 5 = \underline{7}$$

7은 십의 자리에 쓰세요.

백의 자리에서 십 10개를
받아내림해요.

백	십	일
6	12	10
7̸	3̸	4
− 2	5	8
4	7	6

❸ 백의 자리끼리 계산하기

받아내림한 수 1을 빼야 해요.

$$7 - \overline{1} - 2 = \underline{4}$$

4는 백의 자리에 쓰세요.

덧셈 ① 받아올림이 1번 있는 (세 자리 수)+(세 자리 수) 계산

연산 up

1

```
    1
  1 4 7
+ 3 3 6
  4 8 3
```
13

바로개념 십의 자리, 백의 자리에서도 받아올림이 있을 수 있어요.

6

```
  2 8 4
+ 4 7 3
```

11

```
  4 2 7
+ 8 5 2
```

2

```
  2 4 5
+ 6 3 9
```

7

```
  1 5 6
+ 3 5 3
```

12

```
  7 3 5
+ 3 6 3
```

3

```
  3 7 5
+ 2 1 6
```

8

```
  2 7 4
+ 4 5 3
```

13

```
  6 4 2
+ 9 4 3
```

4

```
  5 4 4
+ 2 2 7
```

9

```
  3 4 6
+ 5 8 2
```

14

```
  8 6 3
+ 3 2 4
```

5

```
  2 4 6
+ 6 3 4
```

10

```
  4 6 3
+ 3 5 2
```

15

```
  7 2 2
+ 5 4 7
```

틀린 부분을 바르게 고치세요.

1
```
  2 5 2
+ 3 2 9
─────────
  5 7 1
```
➡
```
  2 5 2
+ 3 2 9
─────────
  5 8 1
```

2
```
  1 7 4
+ 6 5 2
─────────
  7 2 6
```
➡
```
  1 7 4
+ 6 5 2
```

3
```
  3 2 5
+ 9 4 2
─────────
  2 6 7
```
➡
```
  3 2 5
+ 9 4 2
```

4
```
  2 8 5
+ 3 2 4
─────────
  5 10 9
```
➡
```
  2 8 5
+ 3 2 4
```

1

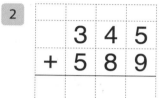

받아올림한 수까지 모두 더해요.

6
```
    1 1
    3 6 6
  + 2 5 8
    6 2 4
```

2
```
    3 4 5
  + 5 8 9
```

3
```
    4 8 6
  + 2 5 7
```

4
```
    4 6 7
  + 4 7 4
```

5
```
    2 2 6
  + 3 8 4
```

6
```
    4 8 4
  + 5 7 8
```

백의 자리에서 받아올림한
수는 천의 자리에 써요.

7
```
    2 4 4
  + 9 7 8
```

8
```
    6 4 3
  + 8 7 9
```

9
```
    4 6 8
  + 8 5 4
```

10
```
    9 5 6
  + 4 5 4
```

11
```
    4 2 7
  + 3 7 3
```

12
```
    3 5 4
  + 6 5 7
```

13
```
    5 9 6
  + 4 2 8
```

14
```
    4 7 5
  + 3 7 8
```

15
```
    2 5 8
  + 8 7 4
```

응용 UP 덧셈②

□ 안에 알맞은 수를 쓰세요.

1

```
    1  1
  5 [5] 5
+ 2  6 [9]
─────────
  8  2  4
```

5+□=14,
□=9

1+□+6=12,
□=5

4

```
  2  5  6
+ 3 □  3
─────────
 [□] 2 [□]
```

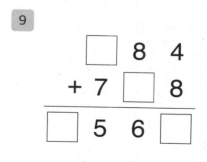

합이 5보다 작네.
받아올림이 있을까, 없을까?

7

```
  4  5  7
+ 6 [□][□]
─────────
 1 [□] 4  2
```

2

```
 [□] 5  8
+ 3 [□] 3
─────────
  7  9 [□]
```

5

```
 [□] 4  5
+ 3  7 [□]
─────────
  6 [□] 7
```

8

```
  6  6 [□]
+[□] 7  8
─────────
 1  5 [□] 2
```

3

```
 [□][□] 6
+ 3  3 [□]
─────────
  6  1  4
```

6

```
 [□] 8 [□]
+ 6  3  7
─────────
  8 [□] 4
```

9

```
 [□] 8  4
+ 7 [□] 8
─────────
 [□] 5  6 [□]
```

1

```
    3 6 2
  + 4 2 3
  ───────
```
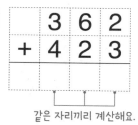
같은 자리끼리 계산해요.

2

```
    2 3 4
  + 4 2 1
  ───────
```

3

```
    3 7 2
  + 2 6 8
  ───────
```

4

```
    8 2 2
  + 4 6 9
  ───────
```

5

```
    6 3 7
  + 2 5 5
  ───────
```

6

```
    4 5 2
  + 2 6 8
  ───────
```

7

```
    5 2 6
  + 3 6 7
  ───────
```

8

```
    5 3 7
  + 4 6 3
  ───────
```

9

```
    5 2 7
  + 8 7 5
  ───────
```

10

```
    7 0 6
  + 3 8 8
  ───────
```

11

```
    7 8 9
  + 4 5 2
  ───────
```

12

```
    8 6 7
  + 3 6 2
  ───────
```

13

```
    2 6 4
  + 5 5 8
  ───────
```

14

```
    7 4 8
  + 4 5 7
  ───────
```

15

```
    9 5 2
  + 6 5 4
  ───────
```

모둠별로 돈을 모아서 영화를 보려고 합니다. 영화를 볼 수 있는 모둠의 이름을 쓰세요.

1 $267 + 322 = 589$

같은 자리끼리 맞추어 쓰고
계산해요.

5 $452 + 253 =$

9 $357 + 278 =$

2 $336 + 562 =$

6 $469 + 348 =$

10 $214 + 324 =$

3 $532 + 369 =$

7 $487 + 768 =$

11 $569 + 628 =$

4 $447 + 537 =$

8 $423 + 364 =$

12 $752 + 588 =$

응용 UP 덧셈④

1 기차의 일반실에는 486명, 특실에는 157명이 타고 있습니다. 기차에는 모두 몇 명이 타고 있을까요?

답 _____

2 어느 문구점에 스케치북은 258권이 있고, 공책은 스케치북보다 147권 더 많습니다. 공책은 몇 권일까요?

답 _____

3 민지네 집에서 도서관을 거쳐 공원까지 가는 거리는 몇 m일까요?

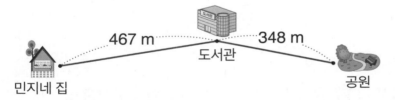

467 m   348 m
민지네 집   도서관   공원

답 _____

4 어느 날 놀이공원에 입장한 사람은 오전에 647명, 오후에 785명이었습니다. 이날 놀이공원에 입장한 사람은 모두 몇 명일까요?

답 _____

5 지수네 농장에서 작년에는 사과를 276상자 수확했고, 올해에는 작년보다 118상자 더 많이 수확했습니다. 지수네 농장에서 작년과 올해 두 해 동안 수확한 사과는 모두 몇 상자일까요?

답 _____

십 1개는 일 10개!

1
```
      6 10
    4 7̸ 4
  − 2 3 8
    2 3 6
```

백 1개는 십 10개!

6
```
    3 10
  4̸ 1 8
  − 2 6 3
    1 5 5
```

11
```
    3 5 2
  − 1 2 7
```

2
```
    5 4 7
  − 2 2 9
```

7
```
    7 5 4
  − 5 8 2
```

12
```
    5 2 6
  − 2 4 3
```

3
```
    6 7 2
  − 3 2 6
```

8
```
    8 2 5
  − 4 5 3
```

13
```
    7 0 8
  − 4 6 2
```

4
```
    5 6 3
  − 3 1 7
```

9
```
    7 3 6
  − 3 9 2
```

14
```
    5 0 6
  − 3 5 2
```

5
```
    7 6 1
  − 3 2 3
```

10
```
    8 1 4
  − 6 8 3
```

15
```
    4 7 0
  − 2 4 8
```

계산이 맞았으면 ○표, 틀렸으면 ✓표 하고, 틀린 문제는 바른 답으로 고치세요.

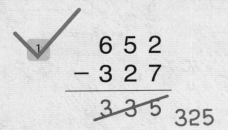

1 ✓
```
   6 5 2
 - 3 2 7
 ─────────
   3 3̶5̶   325
```

2 ○
```
   6 2 7
 - 4 5 3
 ─────────
   1 7 4
```

3
```
   4 6 3
 - 2 3 5
 ─────────
   2 3 8
```

4
```
   7 0 4
 - 4 2 1
 ─────────
   3 8 3
```

5
```
   5 2 3
 - 3 1 7
 ─────────
   2 1 4
```

6
```
   8 2 5
 - 4 6 3
 ─────────
   4 6 2
```

7
```
   5 4 0
 - 1 2 6
 ─────────
   4 1 4
```

8
```
   9 1 4
 - 5 6 2
 ─────────
   4 5 2
```

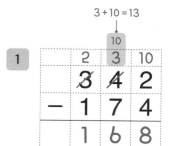

$3 + 10 = 13$

1

```
   2  3  10
   3̶  4̶  2
 − 1  7  4
   1  6  8
```

$2 + 10 = 12$

2

```
   7  12  10
   8̶  2̶  6
 − 3  5  8
```

3

```
   8  0  3
 − 2  7  5
```

4

```
   4  3  4
 − 2  5  6
```

5

```
   6  1  5
 − 4  6  8
```

6

```
   5  0  2
 − 1  7  5
```

7

```
   7  0  0
 − 2  3  5
```

8

```
   5  2  0
 − 2  7  4
```

9

```
   3  1  5
 − 2  5  6
```

10

```
   7  4  2
 − 5  8  4
```

11

```
   6  3  4
 − 2  6  7
```

12

```
   6  1  0
 − 3  2  8
```

13

```
   6  0  0
 − 1  8  4
```

14

```
   5  0  0
 − 1  4  3
```

15

```
   6  4  3
 − 3  5  6
```

□ 안에 알맞은 수를 쓰세요.

① 같은 자리끼리 뺄 수 있는지
② 받아내림이 있는 계산인지 생각해 보자.

1

```
      3  10
   5  4̶  5
-  [3][2] 7
   2  1 [8]
```
5—7을 하려면 받아내림이 필요해.

2

```
  [ ] 3  7
-   2 [ ][ ]
    4  7  5
```
3에서 □를 뺐는데 7이 나왔네?

3

```
   7 [ ] 8
- [ ] 8  6
   3  5 [ ]
```

4

```
  [ ] 3 [ ]
-   2 [ ] 6
    3  5  8
```

5

```
    5  3  2
-   2 [ ][ ]
  [ ] 6  8
```

6

```
   4 [ ] 3
- [ ] 5  5
   1  2 [ ]
```

7

```
  [ ] 0  7
-   3  5 [ ]
    4 [ ] 8
```

8

```
    6  0 [ ]
-   4 [ ] 6
  [ ] 5  4
```

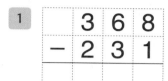
```
1    3 6 8
   - 2 3 1
```

```
6    5 2 4
   - 1 7 6
```

```
11   7 0 9
   - 4 5 2
```

```
2    4 9 6
   - 2 8 7
```

```
7    6 5 2
   - 3 5 8
```

```
12   8 4 7
   - 4 7 2
```

```
3    9 6 8
   - 4 2 3
```

```
8    8 0 0
   - 3 1 5
```

```
13   7 0 2
   - 3 4 7
```

```
4    5 2 3
   - 2 8 5
```

```
9    7 0 0
   - 2 4 9
```

```
14   6 4 0
   - 2 5 8
```

```
5    4 3 3
   - 1 8 9
```

```
10   5 2 0
   - 3 5 4
```

```
15   4 0 0
   - 2 3 6
```

1 방울토마토가 446개 있습니다. 이 중에서 325개는 큰 상자에 담고 나머지는 작은 상자에 담았습니다. 작은 상자에 담은 방울토마토는 몇 개일까요?

식

답 _____

2 어느 부산행 기차에 750명이 탈 수 있습니다. 지금 284명이 탔다면 몇 명이 더 탈 수 있을까요?

식

답 _____

3 떡볶이 1인분의 열량은 310킬로칼로리이고, 우유 1컵의 열량은 125킬로칼로리입니다. 떡볶이 1인분의 열량은 우유 1컵의 열량보다 얼마나 더 높을까요?

식

답 _____

4 길이가 7 m인 색 테이프 중에서 428 cm를 사용했습니다. 남은 색 테이프는 몇 cm일까요?

식

답 _____

5 줄넘기를 진호는 625번, 민아는 576번, 승민이는 537번을 넘었습니다. 가장 많이 넘은 사람과 가장 적게 넘은 사람의 줄넘기 횟수의 차를 구하세요.

식

답 _____

1 $567 - 323 = 244$

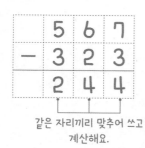

같은 자리끼리 맞추어 쓰고
계산해요.

5 $452 - 253 =$

9 $357 - 278 =$

2 $962 - 336 =$

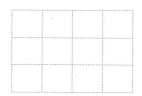

6 $460 - 348 =$

10 $704 - 426 =$

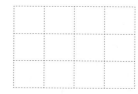

3 $500 - 369 =$

7 $610 - 408 =$

11 $800 - 628 =$

4 $537 - 346 =$

8 $423 - 364 =$

12 $752 - 588 =$

그림을 보고 문제를 해결하세요.

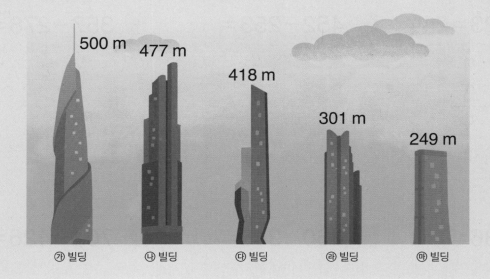

500 m 477 m 418 m 301 m 249 m

㉮ 빌딩 ㉯ 빌딩 ㉰ 빌딩 ㉱ 빌딩 ㉲ 빌딩

---

1 ㉯ 빌딩은 ㉰ 빌딩보다 몇 m 더 높을까요?

477 m   418 m

식

답 _____

---

2 ㉲ 빌딩은 ㉱ 빌딩보다 몇 m 더 낮을까요?

식

답 _____

---

3 ㉮ 빌딩은 ㉲ 빌딩보다 몇 m 더 높을까요?

식

답 _____

---

4 가장 높은 빌딩과 두 번째로 높은 빌딩의 높이의 차는 몇 m일까요?

식

답 _____

1
```
   3 6 8
 + 2 3 1
```

2
```
   3 0 6
 - 1 6 8
```

3
```
   6 2 3
 - 3 2 8
```

4
```
   4 3 6
 + 2 7 5
```

5
```
   7 0 0
 - 3 5 8
```

6
```
   6 1 4
 - 2 7 2
```

7
```
   5 6 2
 + 3 4 8
```

8
```
   6 0 0
 - 2 7 6
```

9
```
   4 6 0
 + 5 4 7
```

10
```
   5 3 4
 + 6 6 8
```

11
```
   6 0 9
 + 4 5 2
```

12
```
   8 4 7
 - 5 2 7
```

13
```
   7 2 9
 + 5 3 7
```

14
```
   6 0 2
 - 3 5 8
```

15
```
   3 3 4
 - 2 3 7
```

주사위의 눈의 수로 가장 큰 세 자리 수와 가장 작은 세 자리 수를 만들어 계산하세요.

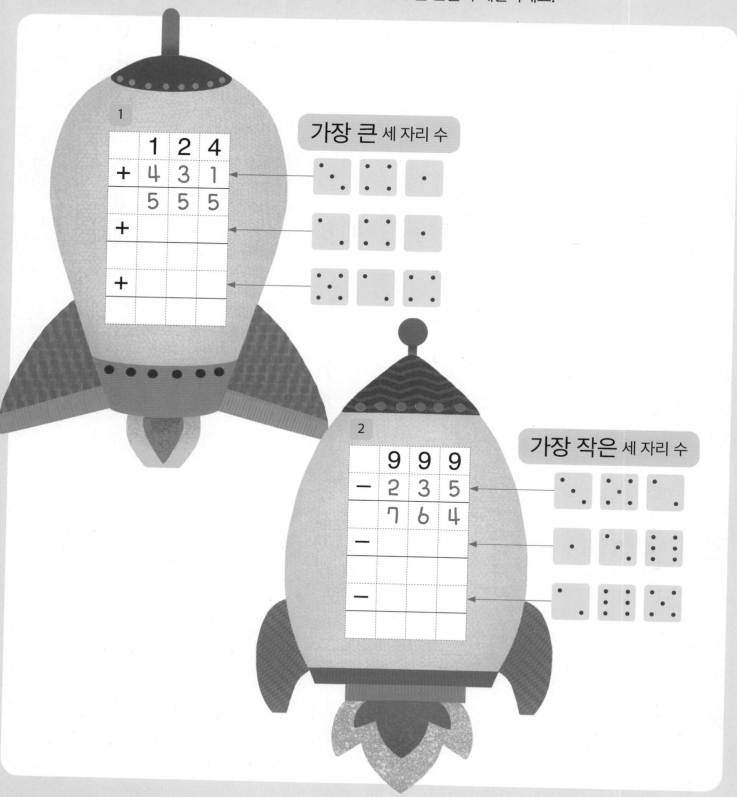

1

가장 큰 세 자리 수

	1	2	4
+	4	3	1
	5	5	5
+			
+			

2

가장 작은 세 자리 수

	9	9	9
−	2	3	5
	7	6	4
−			
−			

DAY 10

덧셈과 뺄셈 종합 ②

세 자리 수의 덧셈과 뺄셈 연습

연산 up

1 765－423＝

	7	6	5
－	4	2	3
	3	4	2

5 234＋522＝

9 629－257＝

2 638＋244＝

6 423－157＝

10 357＋385＝

3 413＋798＝

7 267＋485＝

11 450－176＝

4 703－264＝

8 637＋563＝

12 530－236＝

1   어느 자동차 회사에서 자동차를 9월에 328대 팔았고, 10월에는 9월보다 57대 더 많이 팔았습니다. 9월과 10월 두 달 동안 판 자동차는 모두 몇 대일까요?

답 _____

2   어느 꽃집에 장미가 625송이 있고, 튤립이 장미보다 157송이 적게 있습니다. 이 꽃집에 있는 장미와 튤립을 합하면 모두 몇 송이일까요?

답 _____

3   지민이네 학급 문고에는 책이 316권 있었습니다. 오늘 148권을 빌려 가고 54권을 반납했습니다. 오늘 지민이네 학급 문고에 남아 있는 책은 몇 권일까요?

답 _____

4   어느 수목원에 하루에 500명까지만 입장할 수 있습니다. 오전에 153명, 오후에 278명 입장했다면 앞으로 몇 명 더 입장할 수 있을까요?

답 _____

5   길이가 각각 384 cm, 267 cm인 색 테이프 2개를 65 cm 겹쳐지게 이어 붙였습니다. 이어 붙인 색 테이프의 전체 길이는 몇 cm일까요?

답 _____

1 $239 + \square = 397$

$\square = \underline{397 - 239}$

$\square = \underline{158}$

397-239를 계산한 값을 쓰세요.

6 $\square + 153 = 532$

$\square = \underline{\hspace{3cm}}$

$\square = \underline{\hspace{3cm}}$

2 $326 + \square = 581$

$\square = \underline{\hspace{3cm}}$

$\square = \underline{\hspace{3cm}}$

7 $\square + 287 = 648$

$\square = \underline{\hspace{3cm}}$

$\square = \underline{\hspace{3cm}}$

3 $258 + \square = 634$

$\square = \underline{\hspace{3cm}}$

$\square = \underline{\hspace{3cm}}$

8 $\square + 186 = 542$

$\square = \underline{\hspace{3cm}}$

$\square = \underline{\hspace{3cm}}$

4 $426 + \square = 715$

$\square = \underline{\hspace{3cm}}$

$\square = \underline{\hspace{3cm}}$

9 $\square + 364 = 821$

$\square = \underline{\hspace{3cm}}$

$\square = \underline{\hspace{3cm}}$

5 $135 + \square = 823$

$\square = \underline{\hspace{3cm}}$

$\square = \underline{\hspace{3cm}}$

10 $\square + 676 = 901$

$\square = \underline{\hspace{3cm}}$

$\square = \underline{\hspace{3cm}}$

1 352 □ + 536

  (352)에 (어떤 수)를 (더했더니) (536)이 되었습니다. 어떤 수
  는 얼마일까요?

  > 어떤 수를 □라 하고, 식을 세우는 데
  > 필요한 값에 ○로 표시해 보자.

  $352 + \square = 536$

  답 _____

2 어떤 수에 **294**를 더했더니 **732**가 되었습니다. 어떤 수
  는 얼마일까요?

  답 _____

3 **199**에 어떤 수를 더했더니 **407**이 되었습니다. 어떤 수
  는 얼마일까요?

  답 _____

4 **346**에 어떤 수를 더했더니 **814**가 되었습니다. 어떤 수
  보다 **186** 큰 수를 구하세요.

  답 _____

5 어떤 수에서 **236**을 빼야 하는데 더했더니 **523**이 되었
  습니다. 바르게 계산한 값은 얼마일까요?

  답 _____

1 $567 - \square = 397$

$\square = \underline{\quad 567-397 \quad}$

$\square = \underline{\hspace{3cm}}$

↑
567-397을 계산한 값을 쓰세요.

6 $\square - 173 = 542$

$\square = \underline{\quad 542+173 \quad}$

$\square = \underline{\hspace{3cm}}$

↑
542+173을 계산한 값을 쓰세요.

2 $726 - \square = 288$

$\square = \underline{\hspace{3cm}}$

$\square = \underline{\hspace{3cm}}$

7 $\square - 326 = 487$

$\square = \underline{\hspace{3cm}}$

$\square = \underline{\hspace{3cm}}$

3 $506 - \square = 253$

$\square = \underline{\hspace{3cm}}$

$\square = \underline{\hspace{3cm}}$

8 $\square - 467 = 167$

$\square = \underline{\hspace{3cm}}$

$\square = \underline{\hspace{3cm}}$

4 $824 - \square = 567$

$\square = \underline{\hspace{3cm}}$

$\square = \underline{\hspace{3cm}}$

9 $\square - 269 = 463$

$\square = \underline{\hspace{3cm}}$

$\square = \underline{\hspace{3cm}}$

5 $465 - \square = 396$

$\square = \underline{\hspace{3cm}}$

$\square = \underline{\hspace{3cm}}$

10 $\square - 616 = 288$

$\square = \underline{\hspace{3cm}}$

$\square = \underline{\hspace{3cm}}$

1 627   □   −   284

627에서 어떤 수를 뺐더니 284가 되었습니다. 어떤 수는 얼마일까요?

답 _____

2 어떤 수에서 238을 뺐더니 565가 되었습니다. 어떤 수는 얼마일까요?

답 _____

3 944에서 어떤 수를 뺐더니 486이 되었습니다. 어떤 수는 얼마일까요?

답 _____

4 721에서 어떤 수를 뺐더니 257이 되었습니다. 어떤 수보다 197 작은 수를 구하세요.

답 _____

5 821에 어떤 수를 더해야 하는데 뺐더니 587이 되었습니다. 바르게 계산한 값은 얼마일까요?

답 _____

1 덧셈을 하세요.

(1)
$$\begin{array}{r} 262 \\ +435 \\ \hline \end{array}$$

(4)
$$\begin{array}{r} 576 \\ +218 \\ \hline \end{array}$$

(2)
$$\begin{array}{r} 375 \\ +468 \\ \hline \end{array}$$

(5)
$$\begin{array}{r} 746 \\ +458 \\ \hline \end{array}$$

(3) $267+765=$

(6) $578+826=$

2 뺄셈을 하세요.

(1)
$$\begin{array}{r} 465 \\ -235 \\ \hline \end{array}$$

(4)
$$\begin{array}{r} 506 \\ -342 \\ \hline \end{array}$$

(2)
$$\begin{array}{r} 740 \\ -266 \\ \hline \end{array}$$

(5)
$$\begin{array}{r} 800 \\ -463 \\ \hline \end{array}$$

(3) $600-428=$

(6) $425-257=$

응용평가 UP 마무리 확인

3 준영이는 수영을 월요일에 347 m 했고 화요일에 246 m 했습니다. 준영이는 이틀 동안 수영을 모두 몇 m 했나요?

(   )

4 지성이네 학교 3학년 남학생은 214명이고 여학생은 남학생보다 28명 적습니다. 지성이네 학교 3학년 학생은 모두 몇 명일까요?

(   )

5 ☐ 안에 알맞은 수를 쓰세요.

(1)
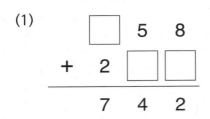

(2)
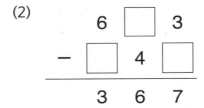

6 어떤 수에서 258을 빼야 하는데 더했더니 723이 되었습니다. 바르게 계산한 값은 얼마일까요?

(   )

7 수 카드 3장을 한 번씩만 사용하여 세 자리 수를 만들었습니다. 만들 수 있는 가장 큰 수와 가장 작은 수의 합과 차를 구하세요.

6   2   5

합 (   )

차 (   )

02 나눗셈

· 학습기록표 ·

학습일차	학습 내용	날짜	맞은 개수	
			연산	응용
DAY 14	**나눗셈①** 똑같이 나눌 때 몫 구하기	/	/10	/5
DAY 15	**나눗셈②** 똑같은 개수씩 나눌 때 몫 구하기	/	/10	/5
DAY 16	**나눗셈③** 곱셈식을 이용하여 나눗셈의 몫 구하기	/	/12	/4
DAY 17	**나눗셈④** 곱셈구구를 이용한 나눗셈 연습	/	/15	/4
DAY 18	**나눗셈 종합①** 나눗셈 연습	/	/24	/1
DAY 19	**나눗셈 종합②** 나눗셈 연습	/	/24	/5
DAY 20	**나눗셈 종합③** 곱셈과 나눗셈의 관계를 이용하여 모르는 수 구하기	/	/12	/4
DAY 21	**나눗셈 종합④** 모르는 수 구하기	/	/14	/9
DAY 22	**마무리 확인**	/		/20

책상에 붙여 놓고
매일매일 기록해요.

2. 나눗셈

나눗셈식 알아보기

$$8 \div 2 = 4$$

약속
1 8÷2=4와 같은 식을 **나눗셈식**이라고 합니다.
2 8 **나누기** 2는 4와 같습니다.
3 나누어지는 수: 8
   나누는 수: 2
   몫: 4

나눗셈의 몫 알아보기

$$12 \div 3$$

3군데에 똑같이 나누어 붙이면

☐ ☐ ☐

1군데에 3개씩 붙이면

1군데에 4개씩 붙여야 해요.

4군데에 붙일 수 있어요.

$$12 \div 3 = 4$$
몫

곱셈과 나눗셈의 관계

3군데에 똑같이 붙일 때 1군데에 붙이는 꽃 수는?

$$12 \div 3 = 4$$

$$4 \times 3 = 12$$

4개씩 붙일 때 붙일 수 있는 액자 수는?

$$12 \div 4 = 3$$

바로 개념

하나의 곱셈식에서 $\boxed{2}$ 개의 나눗셈식을 구할 수 있어요.

나눗셈에서 모르는 수 구하기

❶ 몫 구하기

$$24 \div 4 = \boxed{6}$$

$$4 \times \boxed{6} = 24$$

❷ 나누는 수 구하기

$$24 \div \boxed{4} = 6$$

$$6 \times \boxed{4} = 24$$

❸ 나누어지는 수 구하기

$$\boxed{24} \div 4 = 6$$

$$4 \times 6 = \boxed{24}$$

아하!

나눗셈에서 몫, 나누는 수, 나누어지는 수를 모를 때에는 곱셈식을 이용하여 구할 수 있어요.

3묶음으로 나누자.

1 $12 \div 3 = \boxed{4}$

1묶음 안의 ● 수

6 $12 \div 4 = \boxed{}$

÷4니까 똑같이 4묶음
으로 나누어 보자.

2 $20 \div 5 = \boxed{}$

7 $10 \div 2 = \boxed{}$

3 $18 \div 3 = \boxed{}$

8 $25 \div 5 = \boxed{}$

4 $15 \div 3 = \boxed{}$

9 $18 \div 2 = \boxed{}$

5 $21 \div 3 = \boxed{}$

10 $24 \div 4 = \boxed{}$

나눗셈식을 쓰고 답을 구하세요.

---

1 꽃 18송이를 꽃병 ③개에 똑같이 나누어 꽂으려고 합니다. 꽃병 한 개에 꽃을 몇 송이씩 꽂아야 할까요?

3묶음으로 나누기

식 $18 \div 3 = 6$

답 $\boxed{6}$ (송이 , 개)

---

2 진수네 가족 15명이 식탁 5개에 똑같이 나누어 앉아서 식사를 하려고 합니다. 식탁 한 개에 몇 명씩 앉아야 할까요?

식

답 $\square$ _____
단위를 쓰세요.

---

3 구슬 24개를 친구 8명에게 똑같이 나누어 주려고 합니다. 한 명에게 구슬을 몇 개씩 주어야 할까요?

식

답 $\square$ _____
단위를 쓰세요.

---

4 책 32권을 책꽂이 4칸에 똑같이 나누어 꽂으려고 합니다. 책꽂이 한 칸에 책을 몇 권씩 꽂아야 할까요?

식

답 $\square$ _____
단위를 쓰세요.

---

5 물고기 35마리를 어항 7개에 똑같이 나누어 넣으려고 합니다. 어항 한 개에 물고기를 몇 마리씩 넣어야 할까요?

식

답 $\square$ _____
단위를 쓰세요.

3개씩 묶자.

1 $15 \div 3 = \boxed{5}$

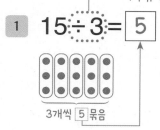

3개씩 $\boxed{5}$ 묶음

2 $16 \div 8 = \boxed{}$

3 $12 \div 2 = \boxed{}$

4 $20 \div 4 = \boxed{}$

5 $18 \div 9 = \boxed{}$

6 $8 \div 4 = \boxed{}$

÷니까 4개씩 묶어 보자.

7 $20 \div 5 = \boxed{}$

8 $24 \div 6 = \boxed{}$

9 $14 \div 2 = \boxed{}$

10 $16 \div 4 = \boxed{}$

나눗셈식을 쓰고 답을 구하세요.

6씩 묶기

1 꽃이 **18**송이 있습니다. 꽃병 한 개에 꽃을 **6송이씩** 꽂으려면 꽃병은 몇 개 필요할까요?

식 $18 \div 6 = 3$

답 [3] (송이 , (개))

---

2 공책이 **36**권 있습니다. 한 명에게 **4**권씩 나누어 주면 몇 명에게 나누어 줄 수 있을까요?

식

답 □ ____

단위를 쓰세요.

---

3 호빈이는 **54**쪽짜리 책을 하루에 **9**쪽씩 매일 읽으려고 합니다. 이 책을 모두 읽으려면 며칠이 걸릴까요?

식

답 □ ____

단위를 쓰세요.

---

4 치즈가 **24**장 있습니다. 샌드위치 한 개에 치즈를 **3**장씩 넣는다면 샌드위치를 몇 개 만들 수 있을까요?

식

답 □ ____

단위를 쓰세요.

---

5 젤리가 **32**개 있습니다. 친구 한 명에게 **4**개씩 나누어 주면 몇 명에게 나누어 줄 수 있을까요?

식

답 □ ____

단위를 쓰세요.

곱셈식을 이용하여 나눗셈의 몫을 구하세요.

1 $12 \div 3 = \boxed{4}$

$3 \times \boxed{4} = 12$

↑
3단 곱셈구구에서 곱이
12가 되는 수를 찾자.

7 $12 \div 4 = \boxed{}$

$4 \times \boxed{} = 12$

2 $16 \div 8 = \boxed{}$

$8 \times \boxed{} = 16$

8 $63 \div 7 = \boxed{}$

$7 \times \boxed{} = 63$

3 $35 \div 7 = \boxed{}$

$7 \times \boxed{} = 35$

9 $54 \div 9 = \boxed{}$

$9 \times \boxed{} = 54$

4 $72 \div 8 = \boxed{}$

$8 \times \boxed{} = 72$

10 $35 \div 5 = \boxed{}$

$5 \times \boxed{} = 35$

5 $56 \div 8 = \boxed{}$

$8 \times \boxed{} = 56$

11 $48 \div 6 = \boxed{}$

$6 \times \boxed{} = 48$

6 $64 \div 8 = \boxed{}$

$8 \times \boxed{} = 64$

12 $28 \div 4 = \boxed{}$

$4 \times \boxed{} = 28$

나눗셈식을 쓴 후 몫이 바른지 곱셈으로 확인하고 문제를 해결하세요.

1

56을 7로 나누었더니 몫이 8이 되었어.

몫을 바르게 구했을까?

나눗셈식 | 5 | 6 | ÷ | 7 | = | 8 |

곱셈식 | 7 | × | 8 | = | | |

➡ 몫이 (바릅니다 , 틀립니다).

2

24명을 똑같이 6모둠으로 나누어야 해. 한 모둠을 5명으로 하자.

한 모둠에 4명씩 나누어야 해.

초롱   은빈

나눗셈식 | 2 | 4 | ÷ | 6 | = | |

곱셈식 | 6 | × | | = | 2 | 4 |

➡ 바르게 구한 사람은 [ ] 입니다.

3

똑같은 사탕 4봉지를 샀더니 사탕이 모두 32개였어.

한 봉지에 몇 개씩 든 거야?

나눗셈식 | | | | | | |

곱셈식 | | | | | | |

➡ 한 봉지에 [ ] 개씩 들어 있습니다.

4

한 줄에 7개네. 몇 줄로 놓여 있는 걸까?

모두 28개!

나눗셈식 | | | | | | |

곱셈식 | | | | | | |

➡ [ ] 줄로 놓여 있습니다.

1 $12 \div 2 =$
$14 \div 2 =$
$16 \div 2 =$

2단 곱셈구구를
이용하자.

6 $12 \div 3 =$
$15 \div 3 =$
$18 \div 3 =$

11 $12 \div 4 =$
$16 \div 4 =$
$20 \div 4 =$

2 $10 \div 5 =$
$25 \div 5 =$
$40 \div 5 =$

7 $24 \div 6 =$
$30 \div 6 =$
$42 \div 6 =$

12 $42 \div 7 =$
$49 \div 7 =$
$56 \div 7 =$

3 $16 \div 8 =$
$40 \div 8 =$
$64 \div 8 =$

8 $27 \div 9 =$
$45 \div 9 =$
$72 \div 9 =$

13 $15 \div 5 =$
$30 \div 5 =$
$45 \div 5 =$

4 $28 \div 4 =$
$32 \div 4 =$
$36 \div 4 =$

9 $36 \div 6 =$
$48 \div 6 =$
$54 \div 6 =$

14 $24 \div 8 =$
$56 \div 8 =$
$72 \div 8 =$

5 $28 \div 7 =$
$35 \div 7 =$
$63 \div 7 =$

10 $36 \div 9 =$
$54 \div 9 =$
$81 \div 9 =$

15 $21 \div 3 =$
$24 \div 3 =$
$27 \div 3 =$

나눗셈식을 쓰고 답을 구하세요.

1 나누어지는 수 ─┐   나누는 수 ─┐
   큰 무 ⟨20⟩개를 팔고 있어요. 이 무를 상자 하나에 ⟨5개씩⟩ 담
   으려고 합니다. 상자는 모두 몇 개 필요할까요?

식

답 _____

2 작은 무 **30**개를 팔고 있어요. 이 무를 봉지 **5**개에 똑같이
   나누어 담으려고 합니다. 한 봉지에 작은 무를 몇 개씩 담
   아야 할까요?

식

답 _____

3 진호는 호박 **18**개를 가지고 왔어요. 이 호박을 한 상자에
   3개씩 담았습니다. 호박이 담긴 상자는 몇 개일까요?

식

답 _____

4 현아는 당근 **42**개를 가지고 왔어요. 이 당근을 한 묶음에
   7개씩 묶어서 팔려고 합니다. 모두 몇 묶음을 만들 수 있
   을까요?

식

답 _____

1 $14 \div 7 =$

2 $15 \div 5 =$

3 $48 \div 6 =$

4 $27 \div 3 =$

5 $49 \div 7 =$

6 $56 \div 7 =$

7 $28 \div 4 =$

8 $18 \div 3 =$

9 $15 \div 3 =$

10 $24 \div 6 =$

11 $36 \div 4 =$

12 $24 \div 8 =$

13 $32 \div 8 =$

14 $54 \div 6 =$

15 $45 \div 9 =$

16 $20 \div 4 =$

17 $21 \div 7 =$

18 $32 \div 4 =$

19 $72 \div 9 =$

20 $12 \div 6 =$

21 $64 \div 8 =$

22 $25 \div 5 =$

23 $40 \div 5 =$

24 $54 \div 9 =$

응용 UP 나눗셈 종합①

빨간 망토는 색깔별로 구슬을 한 개씩 담았습니다. 할머니 집에 도착했을 때 바구니에 담긴 구슬 4개의 무게를 구하세요.

구슬 4개의 무게는?

☐ g

35 g

72 g

24 g

도착

출발

구슬 한 개의 무게는
15 ÷ 3

15 g

1 $16 \div 2 =$

2 $25 \div 5 =$

3 $42 \div 7 =$

4 $64 \div 8 =$

5 $56 \div 7 =$

6 $40 \div 8 =$

7 $14 \div 2 =$

8 $24 \div 3 =$

9 $18 \div 6 =$

10 $24 \div 8 =$

11 $30 \div 6 =$

12 $63 \div 7 =$

13 $54 \div 9 =$

14 $45 \div 5 =$

15 $28 \div 7 =$

16 $40 \div 5 =$

17 $21 \div 3 =$

18 $36 \div 9 =$

19 $72 \div 8 =$

20 $12 \div 4 =$

21 $27 \div 9 =$

22 $18 \div 9 =$

23 $36 \div 6 =$

24 $24 \div 4 =$

1 규민이는 세모 모양 초콜릿 **30**개, 하트 모양 초콜릿 **10**개를 가지고 있습니다. 이 초콜릿을 친구 **5**명에게 똑같이 나누어 주려고 합니다. 한 명에게 초콜릿을 몇 개씩 주어야 할까요?

답 _____

2 초코 과자 **32**개와 바닐라 과자 **28**개를 각각 포장하려고 합니다. 초코 과자는 한 봉지에 **8**개씩, 바닐라 과자는 한 봉지에 **4**개씩 포장하려면 봉지는 모두 몇 개 필요할까요?

답 _____

3 민성이네 가족은 귤 **40**개를 사서 첫날 **5**개를 먹었습니다. 남은 귤을 일주일 동안 똑같이 나누어 먹으려면 하루에 몇 개씩 먹어야 할까요?

답 _____

4 영규는 놀이 카드 **72**장을 **8**묶음으로 똑같이 나누었습니다. 그중 한 묶음을 친구 **3**명에게 똑같이 나누어 주었습니다. 친구 한 명에게 준 놀이 카드는 몇 장일까요?

답 _____

5 색종이가 한 봉지에 **8**장씩 **3**봉지 있습니다. 이 색종이를 한 명에게 **4**장씩 나누어 주면 몇 명에게 나누어 줄 수 있을까요?

답 _____

1 48 ÷ ⬜ = 6
        6단 곱셈구구에서 찾자.
   6 × ⬜ = 48

2 56 ÷ ⬜ = 8
   8 × ⬜ = 56

3 24 ÷ ⬜ = 6
   6 × ⬜ = 24

4 27 ÷ ⬜ = 3
   3 × ⬜ = 27

5 30 ÷ ⬜ = 5
   5 × ⬜ = 30

6 42 ÷ ⬜ = 6
   6 × ⬜ = 42

7 ⬜ ÷ 5 = 9
   5 × 9 = ⬜

8 ⬜ ÷ 3 = 7
   3 × 7 = ⬜

9 ⬜ ÷ 5 = 8
   5 × 8 = ⬜

10 ⬜ ÷ 2 = 7
   2 × 7 = ⬜

11 ⬜ ÷ 7 = 5
   7 × 5 = ⬜

12 ⬜ ÷ 4 = 8
   4 × 8 = ⬜

빈 곳에 알맞은 수를 쓰세요.

1 $42 \div \boxed{} = 6$

2 $48 \div \boxed{} = 8$

3 $24 \div \boxed{} = 3$

4 $54 \div \boxed{} = 6$

5 $45 \div \boxed{} = 9$

6 $72 \div \boxed{} = 8$

7 $32 \div \boxed{} = 4$

8 $\boxed{} \div 5 = 6$

9 $\boxed{} \div 4 = 7$

10 $\boxed{} \div 7 = 8$

11 $\boxed{} \div 8 = 5$

12 $\boxed{} \div 9 = 4$

13 $\boxed{} \div 7 = 7$

14 $\boxed{} \div 3 = 9$

빈 곳에 알맞은 수를 쓰세요.

곱하는 수도, 나누는 수도 없는데?

6단 곱셈구구에서 곱이 36이 되는 수는?

18÷3의 몫을 구해서 위로 올라가 봐.

$$3$$
$$\times$$
$$14 \div \boxed{} = \boxed{}$$
$$=$$

$$6 \qquad 18 \div 3 = \boxed{}$$
$$\times \qquad\qquad\qquad \times$$
$$\boxed{} \qquad\qquad \boxed{} \times \boxed{} = 24$$
$$= \qquad\qquad = \qquad\qquad\qquad \div$$
$$36 \div \boxed{} = 9 \qquad\qquad\qquad \boxed{}$$
$$=$$
$$32 \div \boxed{} = 4$$

1 곱셈식을 이용하여 나눗셈의 몫을 구하세요.

(1) $16 \div 8 = \Box$
$8 \times \Box = \Box$

(2) $24 \div 3 = \Box$
$3 \times \Box = \Box$

(3) $72 \div 9 = \Box$
$9 \times \Box = \Box$

(4) $15 \div 5 = \Box$
$5 \times \Box = \Box$

(5) $36 \div 6 = \Box$
$6 \times \Box = \Box$

(6) $63 \div 9 = \Box$
$9 \times \Box = \Box$

2 나눗셈을 하세요.

(1) $14 \div 7 =$

(2) $36 \div 4 =$

(3) $30 \div 6 =$

(4) $35 \div 5 =$

(5) $40 \div 8 =$

(6) $21 \div 3 =$

(7) $32 \div 8 =$

(8) $18 \div 9 =$

(9) $56 \div 7 =$

(10) $48 \div 6 =$

3 놀이 카드 20장을 친구 4명에게 똑같이 나누어 주려고 합니다. 친구 한 명에게 놀이 카드를 몇 장씩 주어야 할까요?

(   )

4 책 32권을 한 묶음에 8권씩 묶어서 헌책방에 가져가려고 합니다. 책을 몇 묶음 만들 수 있을까요?

(   )

5 똑같은 벽돌을 4층까지 쌓았더니 높이가 28 cm가 되었습니다. 벽돌 한 개의 높이는 몇 cm인가요?

(   )

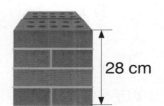

28 cm

6 도넛 24개를 친구들에게 똑같이 나누어 주려고 합니다. 한 명에게 줄 수 있는 도넛을 알맞게 이어 보세요.

4명   6명   8명

03

곱셈

· 학습기록표 ·

학습일차	학습 내용	날짜	맞은 개수	
			연산	응용
DAY 23	**곱셈①** (몇십)×(몇)	/	/8	/4
DAY 24	**곱셈②** 올림이 없는 (몇십몇)×(몇)	/	/20	/5
DAY 25	**곱셈③** 십의 자리에서 올림이 있는 (몇십몇)×(몇)	/	/20	/5
DAY 26	**곱셈④** 일의 자리에서 올림이 있는 (몇십몇)×(몇)	/	/20	/4
DAY 27	**곱셈⑤** 일, 십의 자리에서 올림이 있는 (몇십몇)×(몇)	/	/20	/5
DAY 28	**곱셈 종합①** 세로셈 연습	/	/20	/9
DAY 29	**곱셈 종합②** 세로셈 연습	/	/20	/4
DAY 30	**곱셈 종합③** 가로셈 연습	/	/15	/6
DAY 31	**마무리 확인**	/		/25

책상에 붙여 놓고
매일매일 기록해요.

3. 곱셈

▶ 올림이 없는 (두 자리 수)×(한 자리 수)

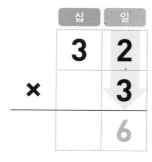

십	일
3	2
×	3
	6

❶ 일의 자리 계산하기

$2 × 3 = \underline{6}$

└─ 6을 일의 자리에 쓰세요.

십	일
3	2
×	3
9	6

❷ 십의 자리 계산하기

$3 × 3 = \underline{9}$

└─ 9를 십의 자리에 쓰세요.

▶ 십의 자리에서 올림이 있는 (두 자리 수)×(한 자리 수)

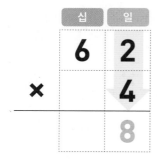

십	일
6	2
×	4
	8

❶ 일의 자리 계산하기

$2 × 4 = \underline{8}$

└─ 8을 일의 자리에 쓰세요.

백	십	일
	6	2
	×	4
2	4	8

❷ 십의 자리 계산하기

$6 × 4 = \underline{24}$

└─ 4는 십의 자리에 쓰세요.

└─ 2는 백의 자리로
올림해서 쓰세요.

일의 자리에서 올림이 있는 (두 자리 수)×(한 자리 수)

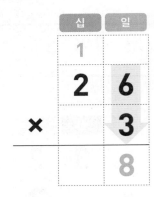

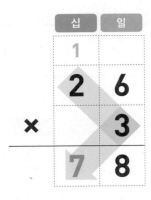

❶ 일의 자리 계산하기

$6 × 3 = \underline{18}$

└─ 8은 일의 자리에 쓰세요.

└─ 1은 십의 자리로 올림해서 쓰세요.

❷ 십의 자리 계산하기

$2 × 3 + \underline{1} = \underline{7}$

└─ 7을 십의 자리에 쓰세요.

└─ 일의 자리에서 올림한 수를 더해요.

올림이 2번 있는 (두 자리 수)×(한 자리 수)

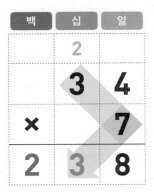

❶ 일의 자리 계산하기

$4 × 7 = \underline{28}$

└─ 8은 일의 자리에 쓰세요.

└─ 2는 십의 자리로 올림해서 쓰세요.

❷ 십의 자리 계산하기

$3 × 7 + \underline{2} = \underline{23}$

└─ 일의 자리에서 올림한 수를 더해요.

└─ 3은 십의 자리에 쓰세요.

└─ 2는 백의 자리로 올림해서 쓰세요.

1 $20 \times 3 =$ | | 6 | 0 |

   $20 \times 4 =$ | | 8 | 0 |

   $20 \times 5 =$ | 1 | 0 | 0 |

   $20 \times 6 =$ | | | 0 |

   2×6=12   일의 자리에 0을 먼저 쓰자.

2 $30 \times 2 =$

   $30 \times 3 =$

   $30 \times 4 =$

   $30 \times 5 =$

3 $40 \times 2 =$

   $40 \times 3 =$

   $40 \times 5 =$

   $40 \times 8 =$

4 $60 \times 3 =$

   $60 \times 4 =$

   $60 \times 7 =$

   $60 \times 9 =$

5 $30 \times 5 =$

   $50 \times 5 =$

   $60 \times 5 =$

   $80 \times 5 =$

6 $40 \times 7 =$

   $50 \times 7 =$

   $70 \times 7 =$

   $90 \times 7 =$

7 $40 \times 3 =$

   $50 \times 3 =$

   $70 \times 3 =$

   $80 \times 3 =$

8 $20 \times 8 =$

   $50 \times 8 =$

   $70 \times 8 =$

   $80 \times 8 =$

응용 UP 곱셈①

같은 종류끼리는 무게가 같습니다. 보기 를 보고 상자의 무게를 구하세요.

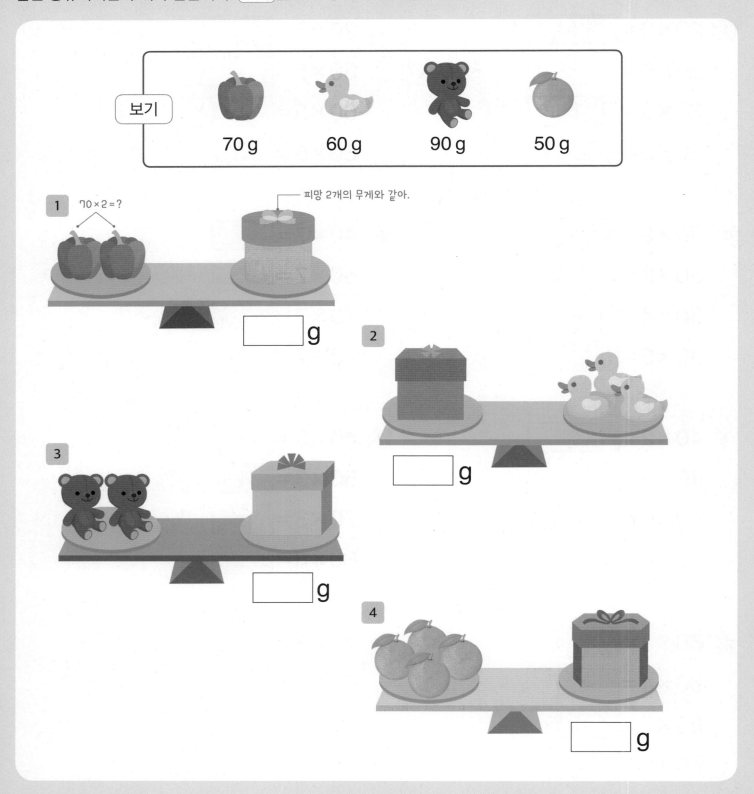

보기

70 g   60 g   90 g   50 g

1   70 × 2 = ?

피망 2개의 무게와 같아.

☐ g

2

☐ g

3

☐ g

4

☐ g

1
```
    3 2
  ×   3
  ─────
    9 6
```
↑   ↑
3×3 2×3

6
```
    2 4
  ×   2
  ─────
```

11
```
    4 2
  ×   2
  ─────
```

16
```
    4 4
  ×   2
  ─────
```

2
```
    1 2
  ×   4
  ─────
```

7
```
    2 2
  ×   4
  ─────
```

12
```
    3 2
  ×   2
  ─────
```

17
```
    2 1
  ×   3
  ─────
```

3
```
    4 0
  ×   2
  ─────
```

8
```
    3 3
  ×   3
  ─────
```

13
```
    2 3
  ×   3
  ─────
```

18
```
    3 0
  ×   3
  ─────
```

4
```
    2 1
  ×   4
  ─────
```

9
```
    1 3
  ×   3
  ─────
```

14
```
    3 1
  ×   3
  ─────
```

19
```
    3 4
  ×   2
  ─────
```

5
```
    1 2
  ×   3
  ─────
```

10
```
    4 1
  ×   2
  ─────
```

15
```
    1 4
  ×   2
  ─────
```

20
```
    4 3
  ×   2
  ─────
```

곱을 구하세요.

23을 20+3으로 나누어서 계산해.

전체 곱은 두 곱을 더해.

```
              20            3
    3  ┌──────────────────────┐
       │        20×3      3×3 │
       └──────────────────────┘
```

1 23 × 3 = [ ][ ] ←

　　20 × 3 = [6][0]

　　　3 × 3 = [ ][9]   +

2 22 × 4 = [ ][ ]

　　20 × 4 = [ ][ ]

　　　2 × 4 = [ ][ ]

3 13 × 3 = [ ][ ]

　　10 × 3 = [ ][ ]

　　　3 × 3 = [ ][ ]

4 17 × 4 = [ ][ ]

　　10 × 4 = [ ][ ]

　　　7 × 4 = [ ][ ]

5 31 × 5 = [ ][ ][ ]

　　30 × 5 = [ ][ ][ ]

　　　1 × 5 = [ ][ ][ ]

1
```
      5 2
  ×     4
  2 0 8
```
5×4   2×4

2
```
      3 2
  ×     4
```

3
```
      4 1
  ×     5
```

4
```
      5 2
  ×     2
```

5
```
      7 2
  ×     3
```

6
```
      6 1
  ×     3
```

7
```
      6 3
  ×     2
```

8
```
      8 3
  ×     3
```

9
```
      6 3
  ×     3
```

10
```
      9 1
  ×     9
```

11
```
      8 2
  ×     3
```

12
```
      7 1
  ×     3
```

13
```
      9 4
  ×     2
```

14
```
      4 2
  ×     3
```

15
```
      8 2
  ×     4
```

16
```
      4 1
  ×     7
```

17
```
      9 2
  ×     4
```

18
```
      7 2
  ×     4
```

19
```
      6 2
  ×     3
```

20
```
      5 3
  ×     2
```

몇 배, 몇 묶음이 나오면 곱셈식으로!

1 진우는 구슬을 ㉛개 가지고 있고, 승진이는 진우가 가진 구슬의 ⑤배를 가지고 있습니다. 승진이가 가진 구슬은 몇 개일까요? ×5

식

답 _____

2 영규는 가지고 있는 놀이 카드를 41장씩 묶었더니 모두 3묶음이 되었습니다. 영규가 가지고 있는 놀이 카드는 모두 몇 장일까요?

식

답 _____

3 어느 꽃 가게에 국화 화분이 한 줄에 42개씩 놓여 있습니다. 모두 4줄로 놓여 있다면 국화 화분은 모두 몇 개일까요?

식

답 _____

4 진우가 사는 아파트는 21층까지 있습니다. 한 층에 6가구씩 산다면 모두 몇 가구가 사는 걸까요?

식

답 _____

5 콩주머니 한 개를 만드는 데 콩을 53개씩 넣었습니다. 콩주머니 3개에 들어 있는 콩은 모두 몇 개일까요?

식

답 _____

1
```
    2
  1 6
×   4
  6 24
```
1×4+2

6×4=24에서 2는 십의 자리로 올리자!

2
```
  2 4
×   4
```

3
```
  1 4
×   5
```

4
```
  2 6
×   3
```

5
```
  4 7
×   2
```

6
```
  2 5
×   3
```

7
```
  1 5
×   4
```

8
```
  2 5
×   2
```

9
```
  3 6
×   2
```

10
```
  1 9
×   5
```

11
```
  2 3
×   4
```

12
```
  2 4
×   3
```

13
```
  1 6
×   3
```

14
```
  2 9
×   3
```

15
```
  3 8
×   2
```

16
```
  1 4
×   7
```

17
```
  1 8
×   5
```

18
```
  2 7
×   2
```

19
```
  1 5
×   6
```

20
```
  1 8
×   4
```

두 가지 방법으로 계산하세요.

1
$7 \times 2 \times 5 =$ ⬜

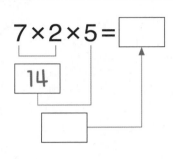

$7 \times 2 \times 5 =$ ⬜

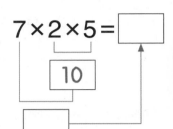

10 또는 몇십이
되는 계산을
먼저 하면 좋아.

2
$9 \times 5 \times 2 =$ ⬜

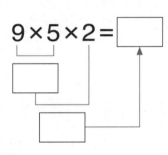

$9 \times 5 \times 2 =$ ⬜

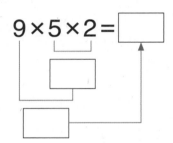

3
$3 \times 5 \times 4 =$ ⬜

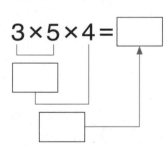

$3 \times 5 \times 4 =$ ⬜

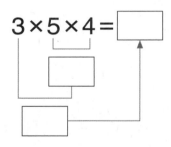

4
$6 \times 3 \times 5 =$ ⬜

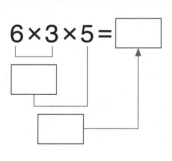

$6 \times 3 \times 5 =$ ⬜

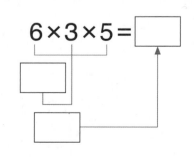

1

```
    2
  6 7
×   4
2 6 28
```

6×4+②=26

2

```
  5 4
×   8
```

3

```
  4 6
×   5
```

4

```
  2 8
×   7
```

5

```
  3 9
×   4
```

6

```
  6 3
×   7
```

7

```
  7 2
×   8
```

8

```
  2 5
×   4
```

9

```
  3 7
×   6
```

10

```
  1 9
×   7
```

11

```
  4 7
×   5
```

12

```
  8 6
×   5
```

13

```
  3 5
×   7
```

14

```
  7 8
×   6
```

15

```
  4 4
×   8
```

16

```
  2 4
×   9
```

17

```
  6 3
×   8
```

18

```
  9 2
×   5
```

19

```
  5 7
×   7
```

20

```
  3 8
×   4
```

잘못 계산한 곳을 찾아 바르게 계산하세요.

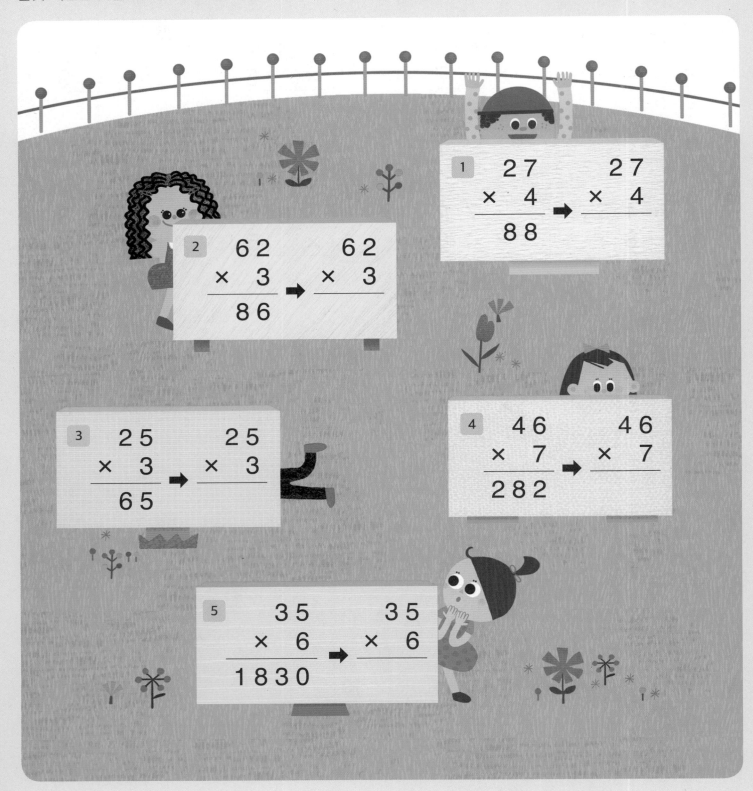

1
$$\begin{array}{r} 27 \\ \times\ 4 \\ \hline 88 \end{array} \Rightarrow \begin{array}{r} 27 \\ \times\ 4 \\ \hline \end{array}$$

2
$$\begin{array}{r} 62 \\ \times\ 3 \\ \hline 86 \end{array} \Rightarrow \begin{array}{r} 62 \\ \times\ 3 \\ \hline \end{array}$$

3
$$\begin{array}{r} 25 \\ \times\ 3 \\ \hline 65 \end{array} \Rightarrow \begin{array}{r} 25 \\ \times\ 3 \\ \hline \end{array}$$

4
$$\begin{array}{r} 46 \\ \times\ 7 \\ \hline 282 \end{array} \Rightarrow \begin{array}{r} 46 \\ \times\ 7 \\ \hline \end{array}$$

5
$$\begin{array}{r} 35 \\ \times\ 6 \\ \hline 1830 \end{array} \Rightarrow \begin{array}{r} 35 \\ \times\ 6 \\ \hline \end{array}$$

1
```
    3 2
  ×   2
```

6
```
    2 0
  ×   6
```

11
```
    1 3
  ×   5
```

16
```
    8 2
  ×   4
```

2
```
    4 6
  ×   5
```

7
```
    9 2
  ×   4
```

12
```
    2 8
  ×   3
```

17
```
    1 7
  ×   7
```

3
```
    5 5
  ×   3
```

8
```
    7 3
  ×   3
```

13
```
    4 0
  ×   4
```

18
```
    6 5
  ×   8
```

4
```
    8 3
  ×   6
```

9
```
    2 9
  ×   7
```

14
```
    5 8
  ×   8
```

19
```
    5 0
  ×   8
```

5
```
    6 0
  ×   6
```

10
```
    7 2
  ×   6
```

15
```
    5 7
  ×   6
```

20
```
    4 3
  ×   9
```

□ 안에 알맞은 수를 쓰세요.

1
```
      4   2
  ×       □
  ─────────
  1   2   6
```
2×□의 값은 6일까, 16일까?

2
```
      □   3
  ×       □
  ─────────
  1   4   6
```

3
```
      2   □
  ×       3
  ─────────
      8   1
```

4
```
      4   6
  ×       □
  ─────────
      9   2
```

5
```
      2   4
  ×       □
  ─────────
      □   6
```

6
```
      □   3
  ×       6
  ─────────
  2   5   8
```

7
```
      □   8
  ×       7
  ─────────
  □   7   6
```

8
```
      7   4
  ×       □
  ─────────
  5   □   8
```

9
```
      4   □
  ×       5
  ─────────
  □   3   5
```

1
```
    1 3
×     2
```

2
```
    2 4
×     2
```

3
```
    7 2
×     4
```

4
```
    4 2
×     5
```

5
```
    7 6
×     8
```

6
```
    1 0
×     3
```

7
```
    3 7
×     5
```

8
```
    5 3
×     4
```

9
```
    5 0
×     6
```

10
```
    8 3
×     5
```

11
```
    6 3
×     3
```

12
```
    4 2
×     6
```

13
```
    6 8
×     7
```

14
```
    2 5
×     8
```

15
```
    2 4
×     7
```

16
```
    5 0
×     9
```

17
```
    4 7
×     8
```

18
```
    3 8
×     6
```

19
```
    3 6
×     3
```

20
```
    9 2
×     4
```

1 지호는 한 묶음에 32장씩 들어 있는 도화지 4묶음을 샀습니다. 그중 7장을 사용했다면 지호에게 남아 있는 도화지는 몇 장일까요?

+, -, ×, ÷ 중 뭐가 필요해?

답 _____

2 작은 양배추는 한 상자에 18개씩 7상자에 담고, 큰 양배추는 한 상자에 12개씩 9상자에 담았습니다. 크고 작은 양배추는 모두 몇 개일까요?

답 _____

3 민재는 블록을 24개 가지고 있고 승우는 민재보다 7개 더 많이 가지고 있습니다. 규민이는 승우가 가진 블록의 4배만큼 가지고 있다면 규민이의 블록은 몇 개일까요?

답 _____

4 진우네 학교 3학년 학생은 72명입니다. 한 모둠에 8명씩 나눈 다음 한 모둠당 사과를 21개씩 나누어 주려고 합니다. 사과는 모두 몇 개 필요할까요?

답 _____

곱셈 종합③ 가로셈 연습

1 $24 \times 2 =$

6 $12 \times 4 =$

11 $36 \times 3 =$

2 $43 \times 4 =$

7 $70 \times 5 =$

12 $28 \times 6 =$

3 $52 \times 8 =$

8 $43 \times 7 =$

13 $84 \times 5 =$

4 $26 \times 9 =$

9 $50 \times 8 =$

14 $53 \times 6 =$

5 $67 \times 8 =$

10 $45 \times 9 =$

15 $54 \times 7 =$

수 카드 **3**장을 한 번씩만 사용하여 (두 자리 수) × (한 자리 수)를 만들고 계산하세요.

| 가장 큰 곱 만들기 |

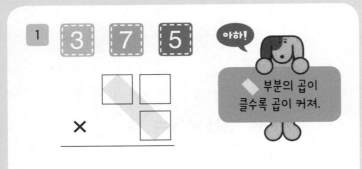

1 3 7 5

아하! ▨ 부분의 곱이 클수록 곱이 커져.

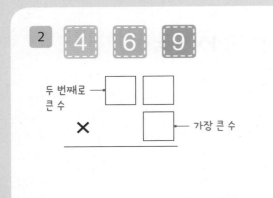

2 4 6 9

두 번째로 큰 수

가장 큰 수

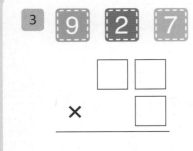

3 9 2 7

| 가장 작은 곱 만들기 |

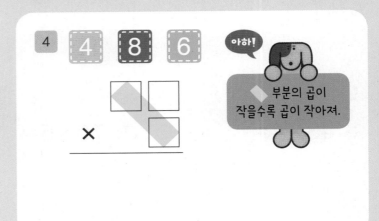

4 4 8 6

아하! ▨ 부분의 곱이 작을수록 곱이 작아져.

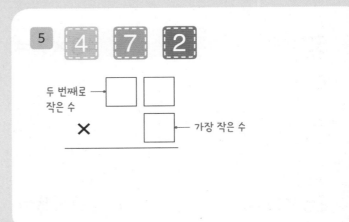

5 4 7 2

두 번째로 작은 수

가장 작은 수

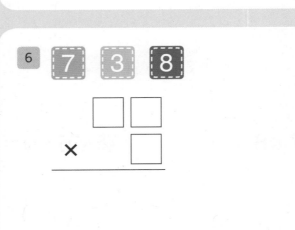

6 7 3 8

1 곱셈을 하세요.

(1)
$$\begin{array}{r} 4\,4 \\ \times\ \ 2 \\ \hline \end{array}$$

(4)
$$\begin{array}{r} 4\,3 \\ \times\ \ 3 \\ \hline \end{array}$$

(7)
$$\begin{array}{r} 5\,4 \\ \times\ \ 3 \\ \hline \end{array}$$

(2)
$$\begin{array}{r} 2\,9 \\ \times\ \ 3 \\ \hline \end{array}$$

(5)
$$\begin{array}{r} 3\,3 \\ \times\ \ 6 \\ \hline \end{array}$$

(8)
$$\begin{array}{r} 6\,2 \\ \times\ \ 4 \\ \hline \end{array}$$

(3)
$$\begin{array}{r} 6\,7 \\ \times\ \ 5 \\ \hline \end{array}$$

(6)
$$\begin{array}{r} 8\,5 \\ \times\ \ 6 \\ \hline \end{array}$$

(9)
$$\begin{array}{r} 7\,8 \\ \times\ \ 9 \\ \hline \end{array}$$

2 곱셈을 하세요.

(1) $21 \times 3 =$

(5) $42 \times 4 =$

(2) $14 \times 6 =$

(6) $36 \times 7 =$

(3) $64 \times 6 =$

(7) $53 \times 8 =$

(4) $73 \times 8 =$

(8) $84 \times 6 =$

3 잘못 계산한 곳을 찾아 바르게 계산하세요.

(1)
```
    1 6        1 6
  ×   4   ➡  ×   4
  ───────    ───────
    4 4
```

(2)
```
    3 8        3 8
  ×   6   ➡  ×   6
  ───────    ───────
  1 8 8
```

4 □ 안에 알맞은 수를 쓰세요.

(1)
```
      6 4
  ×   [ ]
  ─────────
    3 2 0
```

(2)
```
      6 [ ]
  ×     8
  ─────────
    5 0 4
```

5 지수네 학교 3학년은 한 반에 18명씩 6개의 반이 있습니다. 지수네 학교 3학년 학생은 모두 몇 명일까요?

(   )

6 사과는 한 상자에 15개씩 8상자 있고, 귤은 한 상자에 27개씩 5상자 있습니다. 사과와 귤 중 개수가 더 많은 것은 어느 것일까요?

(   )

7 3장의 수 카드를 한 번씩만 사용하여 곱이 가장 큰 곱셈식과 곱이 가장 작은 곱셈식을 만들고 계산하세요.

(1) 곱이 가장 큰 곱셈식

```
  [ ] [ ]
×     [ ]
─────────
```

(2) 곱이 가장 작은 곱셈식

```
  [ ] [ ]
×     [ ]
─────────
```

04
길이와 시간

· 학습기록표 ·

학습일차	학습 내용	날짜	맞은 개수 연산	맞은 개수 응용
DAY 32	**길이의 덧셈과 뺄셈①** cm와 mm 단위의 덧셈과 뺄셈	/	/10	/4
DAY 33	**길이의 덧셈과 뺄셈②** cm와 mm 단위의 덧셈과 뺄셈	/	/10	/4
DAY 34	**길이의 덧셈과 뺄셈③** km와 m 단위의 덧셈과 뺄셈	/	/10	/4
DAY 35	**길이의 덧셈과 뺄셈④** km와 m 단위의 덧셈과 뺄셈	/	/10	/3
DAY 36	**시간의 덧셈과 뺄셈①** 분, 초 단위의 덧셈과 뺄셈	/	/10	/4
DAY 37	**시간의 덧셈과 뺄셈②** 분, 초 단위의 덧셈과 뺄셈	/	/10	/3
DAY 38	**시간의 덧셈과 뺄셈③** 시간, 분, 초 단위의 덧셈과 뺄셈	/	/10	/5
DAY 39	**시간의 덧셈과 뺄셈④** 시간, 분, 초 단위의 덧셈과 뺄셈	/	/10	/3
DAY 40	**마무리 확인**	/		/16

책상에 붙여 놓고
매일매일 기록해요.

4. 길이와 시간

 길이의 덧셈과 뺄셈

- 같은 단위끼리 계산합니다. – mm끼리, cm끼리, m끼리, km끼리 계산합니다.
- 단위 사이의 관계에 따라 받아올리고 받아내리는 수가 다르므로 주의합니다.

덧셈

cm	mm
1	
5 cm	4 mm
+ 3 cm	8 mm
9 cm	2 mm

1+5+3=9   4+8=12

10 ⟋ ⟍ 2
1cm   2mm

| **1 cm = 10 mm** |

km	m
1	
6 km	500 m
+ 2 km	700 m
9 km	200 m

1+6+2=9   500+700=1200

1000 ⟋ ⟍ 200
1km   200m

| **1 km = 1000 m** |

뺄셈

cm	mm
4	10
5 cm	4 mm
– 3 cm	8 mm
1 cm	6 mm

5-1-3=1   10+4-8=6
cm에서 받아내림한 수

km	m
5	1000
6 km	500 m
– 2 km	700 m
3 km	800 m

6-1-2=3   1000+500-700=800
km에서 받아내림한 수

시간의 덧셈과 뺄셈

- 같은 단위끼리 계산합니다. – 초끼리, 분끼리, 시간끼리 계산합니다.
- 각 단위 사이에서 받아올리고 받아내리는 수는 60입니다.

덧셈

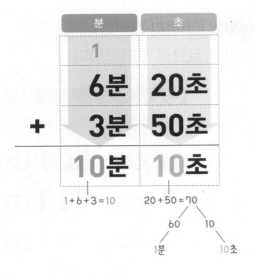

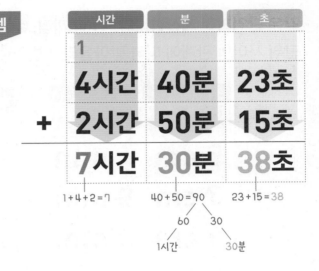

1분 = 60초

1시간 = 60분

뺄셈

시간	분	초
3	60	
4시간	40분	23초
− 2시간	50분	15초
1시간	50분	8초

4−1−2 = 1   60+40−50 = 50   23−15 = 8

시간에서
받아내림한 수

길이의 덧셈과 뺄셈 ①
cm와 mm 단위의 덧셈과 뺄셈

1

	1	
	32 cm	6 mm
+	26 cm	8 mm
	59 cm	14 mm

10 mm를 1 cm로!

2

	5 cm	4 mm
+	1 cm	3 mm
	cm	mm

3

	25 cm	3 mm
+	18 cm	8 mm
	cm	mm

4

	26 cm	6 mm
+	9 cm	7 mm
	cm	mm

5

	37 cm	8 mm
+	45 cm	8 mm
	cm	mm

1 cm를 10 mm로!

6

	11	10
	12 cm	4 mm
−	5 cm	8 mm
	6 cm	6 mm

12−1−5=6   10+4−8=6

7

	6 cm	7 mm
−	2 cm	4 mm
	cm	mm

8

	24 cm	5 mm
−	7 cm	6 mm
	cm	mm

9

	32 cm	2 mm
−	18 cm	7 mm
	cm	mm

10

	40 cm	3 mm
−	22 cm	8 mm
	cm	mm

다은이와 친구들이 여러 가지 상자로 만들기 놀이를 하고 있습니다. 문제를 해결하세요.
(단, 같은 색의 상자는 모양과 크기가 같습니다.)

길이의 덧셈과 뺄셈②

cm와 mm 단위의 덧셈과 뺄셈

1

	26 cm	5 mm
+	47 cm	8 mm

6

	10 cm	2 mm
−	3 cm	6 mm

2

	15 cm	6 mm
+	12 cm	3 mm

7

	16 cm	8 mm
−	7 cm	5 mm

3

	32 cm	7 mm
+	18 cm	5 mm

8

	43 cm	4 mm
−	17 cm	6 mm

4

	8 cm	8 mm
+	29 cm	5 mm

9

	56 cm	
−	37 cm	5 mm

5

	27 cm	9 mm
+	36 cm	7 mm

10

	60 cm	
−	44 cm	3 mm

영훈이네 가족들의 신발 길이를 알아보세요.

1

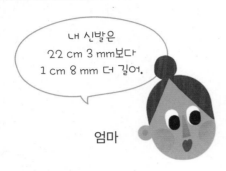

내 신발은
22 cm 3 mm보다
1 cm 8 mm 더 길어.

엄마

☐ cm ☐ mm

2

내 신발은
엄마 신발보다
1 cm 3 mm 짧아.

영훈

☐ cm ☐ mm

3

아빠 신발은
영훈이 신발보다
4 cm 8 mm 더 길단다.

아빠

☐ cm ☐ mm

4

아빠 신발이 제일
크네. 내 신발이랑
6 cm 9 mm 차이 나.

동생

☐ cm ☐ mm

1

1000 m를 1 km로!

	1←	
	23 km	400 m
+	8 km	800 m
	32 km	1200 m

↑ 1000 m를 1 km로!

2

	2 km	300 m
+	3 km	200 m
	km	m

3

	6 km	400 m
+	13 km	800 m
	km	m

4

	36 km	380 m
+	18 km	750 m
	km	m

5

	52 km	560 m
+	67 km	823 m
	km	m

6

1 km를 1000 m로!

	14	1000
	15 km	300 m
−	6 km	600 m
	8 km	700 m

7

	4 km	700 m
−	2 km	400 m
	km	m

8

	7 km	200 m
−	5 km	500 m
	km	m

9

	24 km	230 m
−	17 km	540 m
	km	m

10

	40 km	240 m
−	21 km	575 m
	km	m

다리의 길이를 보고 문제를 해결하세요.

(출처: 국토교통부, 2020 도로 교량 및 터널 현황조서)

인천대교 11 km 856 m

광안대교 7420 m

영종대교 5 km 926 m

---

1 인천대교는 11 km 856 m이고 영종대교는 5 km 926 m입니다. 인천대교는 영종대교보다 몇 km 몇 m 더 길까요?

답 _____

---

2 ┌─ 7420m는 몇 km 몇 m일까?
광안대교는 7420 m이고 영종대교는 5 km 926 m입니다. 광안대교와 영종대교의 길이의 차는 몇 km 몇 m 일까요?

답 _____

---

3 인천대교, 광안대교, 영종대교를 모두 이으면 몇 km 몇 m가 될까요?

답 _____

---

4 광안대교와 영종대교를 이은 거리는 인천대교의 길이보다 몇 km 몇 m 더 길까요?

답 _____

1

	27 km	700 m
+	38 km	500 m

2

	18 km	550 m
+	47 km	480 m

3

	68 km	765 m
+	36 km	436 m

4

	46 km	370 m
+	57 km	690 m

5

	126 km	530 m
+	74 km	768 m

6

	11 km	200 m
−	4 km	400 m

7

	25 km	270 m
−	14 km	620 m

8

	50 km	526 m
−	32 km	708 m

9

	62 km	
−	47 km	870 m

10

	24 km	
−	3 km	250 m

거리를 구하세요.

---

1 학교에서 지하철역을 거쳐 공원까지 가는 거리는 모두 몇 km 몇 m일까요?

지하철역

2 km 370 m

1 km 250 m

학교

공원

답 _____

---

2 윤이는 집에서 **3 km 125 m** 떨어져 있는 박물관에 갔습니다. **2650 m**는 버스를 타고 가고 나머지는 걸어서 갔습니다. 걸어서 간 거리는 몇 **m**일까요?

윤이네 집

3 km 125 m

박물관

답 _____

---

3 지운이네 집에서 해수욕장까지의 거리는 **32 km**입니다. 지운이네 가족은 자동차를 타고 집에서 출발하여 **18 km 380 m**를 달린 뒤 휴게소에서 쉬었습니다. 해수욕장까지 남은 거리는 몇 **km** 몇 **m**일까요?

답 _____

1

60초를 1분으로!

72 = 60 + 12

	1	
	12 분	25 초
+	7 분	47 초
	20 분	12 초

6

1분을 60초로!

	24	60
	25 분	12 초
−	13 분	37 초
	11 분	35 초

60 + 12 − 37 = 35

2

	23 분	15 초
+	5 분	23 초
	분	초

7

	17 분	52 초
−	7 분	18 초
	분	초

3

	18 분	35 초
+	23 분	46 초
	분	초

8

	36 분	15 초
−	24 분	36 초
	분	초

4

	42 분	42 초
+	8 분	27 초
	분	초

9

	22 분	5 초
−	18 분	27 초
	분	초

5

	36 분	38 초
+	15 분	52 초
	분	초

10

	52 분	36 초
−	37 분	42 초
	분	초

남자 수영 자유형 1500 m 세계 기록입니다. 문제를 해결하세요.

기록	선수(국가)	개최국	날짜	대회명
☐분 ☐초	헨리 테일러(영국)	영국	1908. 7. 25	제4회 올림픽
22분 00초	조지 호지슨(캐나다)	스웨덴	1912. 7. 10	제5회 올림픽
20분 06초	보이 찰턴(오스트레일리아)	프랑스	1924. 7. 15	제8회 올림픽
15분 52초	마이크 버턴(미국)	서독	1972. 9. 4	제20회 올림픽
14분 31초	쑨양(중국)	영국	2012. 8. 4	제30회 올림픽

1 조지 호지슨 선수는 헨리 테일러 선수보다 기록을 48초 줄였습니다. 헨리 테일러 선수의 기록을 구하세요.

답 _____

2 쑨양 선수의 기록보다 5분 35초 느린 기록을 세운 선수는 누구일까요?

답 _____

3 마이크 버턴 선수의 기록은 보이 찰턴 선수의 기록보다 몇 분 몇 초 더 빨라졌나요?

답 _____

4 제30회 올림픽 때 쑨양 선수가 세운 기록과 제4회 올림픽 때 헨리 테일러 선수가 세운 기록의 차를 구하세요.

답 _____

1
13 분	23 초
+ 8 분	16 초

6
52 분	48 초
− 28 분	12 초

2
22 분	15 초
+ 17 분	48 초

7
28 분	13 초
− 15 분	27 초

3
34 분	23 초
+ 15 분	37 초

8
30 분	
− 12 분	26 초

4
47 분	50 초
+ 8 분	23 초

9
52 분	22 초
− 13 분	37 초

5
18 분	44 초
+ 16 분	48 초

10
43 분	
− 26 분	48 초

'명탐정 바로'가 시작하는 시각과 각 프로그램이 방영되는 시간을 나타낸 표입니다. 문제를 해결하세요.

배움 방송 편성표

| 명탐정 바로 | 곤충의 세계 | 요리조리 쿡 |

20분 45초   18분 36초   24분 28초

---

1 '명탐정 바로'는 20분 45초 동안 방영합니다. '명탐정 바로'가 끝나는 시각은 몇 시 몇 분 몇 초일까요?

답 _____

---

2 '곤충의 세계'는 18분 36초 동안 하고, '요리조리 쿡'은 24분 28초 동안 합니다. '요리조리 쿡'은 '곤충의 세계'보다 방영 시간이 몇 분 몇 초 더 길까요?

답 _____

---

3 지호는 세 프로그램을 모두 보았습니다. 지호가 방송을 본 시간은 모두 몇 시간 몇 분 몇 초일까요?

답 _____

1 60분을 1시간으로!

	1		
	2 시	38 분	12 초
+	3 시간	46 분	34 초
	6 시	24 분	46 초

6 1시간을 60분으로!

	6	60	
	7 시	15 분	56 초
−	4 시	38 분	37 초
	2 시간	37 분	19 초

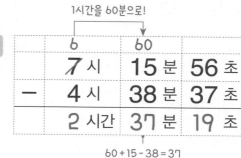

60 + 15 − 38 = 37

2

	4 시	47 분	23 초
+		24 분	15 초
	시	분	초

7

	6 시	25 분	36 초
−	3 시간	47 분	18 초
	시	분	초

3

	7 시간	39 분	29 초
+	4 시간	42 분	46 초
	시간	분	초

8

	11 시	56 분	16 초
−	3 시	45 분	24 초
	시간	분	초

4

	11 시간	35 분	46 초
+	5 시간	38 분	24 초
	시간	분	초

9

	7 시간	42 분	36 초
−	5 시간	27 분	52 초
	시간	분	초

5

	5 시	26 분	37 초
+	3 시간	45 분	28 초
	시	분	초

10

	9 시	20 분	
−	6 시	36 분	42 초
	시간	분	초

자동차를 타고 이동했을 때 출발 시각, 이동 시간, 도착 시각을 나타낸 표입니다. 빈 곳을 알맞게 채우세요.

	출발 시각	이동 시간	도착 시각
1	(서울) 09시 15분 30초	45분	(수원) _____
2	(부산) 11시 35분 24초	3시간 25분 46초	(광주) _____
3	(대전) _____	2시간 10분 28초	(대구) 15시 23분 42초
4	(전주) 15시 27분 16초	_____	(광주) 17시 35분 24초
5	(울산) 17시 46분 38초	_____	(목포) 22시 15분 23초

1

	3 시	26 분	28 초
+	8 시간	14 분	46 초

시각과 시간을 구분하면서 답을 써 보자.

2

	4 시간	37 분	25 초
+		46 분	35 초

3

	11 시간	36 분	28 초
+	4 시간	50 분	48 초

4

	11 시간	35 분	46 초
+	5 시간	38 분	24 초

5

	2 시	40 분	39 초
+	8 시간	52 분	15 초

6

	7 시		
−	4 시간	42 분	27 초

7

	5 시간		28 초
−	3 시간	47 분	32 초

8

	10 시	26 분	
−	6 시	45 분	43 초

9

	7 시		
−	5 시간	27 분	52 초

10

	12 시	35 분	27 초
−	3 시	48 분	49 초

어느 해 동지와 하지 때 해 뜨는 시각과 해 지는 시각입니다. 문제를 해결하세요.

해 뜨는 시각: 07시 43분 32초
해 지는 시각: _____

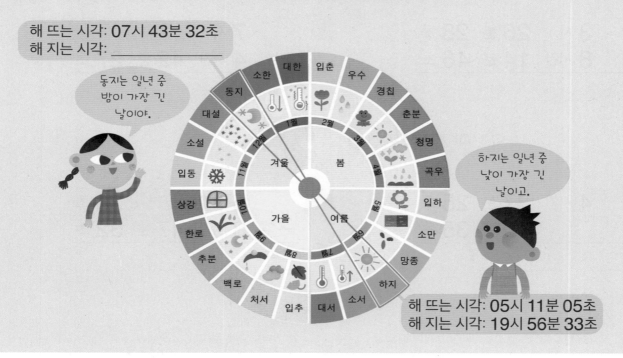

동지는 일년 중 밤이 가장 긴 날이야.

하지는 일년 중 낮이 가장 긴 날이고.

해 뜨는 시각: 05시 11분 05초
해 지는 시각: 19시 56분 33초

---

1 하지 때 낮 시간은 몇 시간 몇 분 몇 초일까요?

답 _____

---

2 동지 때 낮 시간은 9시간 33분 59초였습니다. 이날 해 지는 시각은 몇 시 몇 분 몇 초였을까요?

답 _____

---

3 하지 때는 동지 때보다 낮 시간이 몇 시간 몇 분 몇 초 더 긴가요?

답 _____

1 길이의 덧셈과 뺄셈을 하세요.

(1)
$$13\,\text{cm}\ \ 6\,\text{mm}$$
$$+\ \ 3\,\text{cm}\ \ 4\,\text{mm}$$

(2)
$$9\,\text{km}\ \ 340\,\text{m}$$
$$+24\,\text{km}\ \ 680\,\text{m}$$

(3)
$$24\,\text{km}\ \ 852\,\text{m}$$
$$+19\,\text{km}\ \ 765\,\text{m}$$

(4)
$$10\,\text{cm}\ \ 3\,\text{mm}$$
$$-\ \ 4\,\text{cm}\ \ 6\,\text{mm}$$

(5)
$$37\,\text{km}\ \ 270\,\text{m}$$
$$-23\,\text{km}\ \ 460\,\text{m}$$

(6)
$$32\,\text{km}$$
$$-\ \ 8\,\text{km}\ \ 130\,\text{m}$$

2 시간의 덧셈과 뺄셈을 하세요.

(1)
$$2\,\text{시}\ \ 43\,\text{분}\ \ 32\,\text{초}$$
$$+\ \ 3\,\text{시간}\ \ 17\,\text{분}\ \ 13\,\text{초}$$

(2)
$$3\,\text{시간}\ \ 36\,\text{분}\ \ 45\,\text{초}$$
$$+\ \ 4\,\text{시간}\ \ 5\,\text{분}\ \ 28\,\text{초}$$

(3)
$$5\,\text{시}\ \ 27\,\text{분}\ \ 32\,\text{초}$$
$$+\ \ 5\,\text{시간}\ \ 48\,\text{분}\ \ 48\,\text{초}$$

(4)
$$11\,\text{시}\ \ 30\,\text{분}\ \ 39\,\text{초}$$
$$-\ \ 9\,\text{시}\ \ 23\,\text{분}\ \ 42\,\text{초}$$

(5)
$$3\,\text{시간}\ \ 16\,\text{분}$$
$$-\ \ 2\,\text{시간}\ \ 25\,\text{분}\ \ 45\,\text{초}$$

(6)
$$7\,\text{시}$$
$$-\ \ 1\,\text{시간}\ \ 25\,\text{분}\ \ 18\,\text{초}$$

응용
평가 UP **마무리 확인**

3 길이가 108 mm인 연필과 6 cm 4 mm인 크레파스를 이어 놓으면 몇 cm 몇 mm가 될까요?

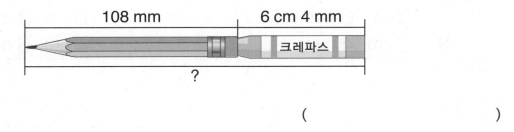

(   )

4 희수네 집에서 미술관까지의 거리는 도서관까지의 거리보다 얼마나 더 멀까요?

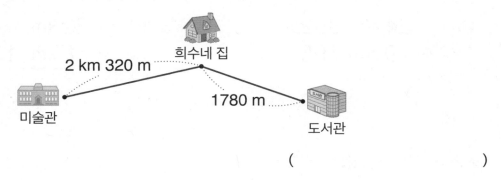

(   )

5 지호는 온라인 수업에서 국어 수업을 35분 28초 동안 들었습니다. 국어 수업을 듣기 시작한 시각이 9시 15분 37초였다면 국어 수업이 끝난 시각은 몇 시 몇 분 몇 초일까요?

(   )

6 재민이는 극장에서 1시간 42분 27초 동안 영화를 보았습니다. 영화가 끝난 시각이 오후 1시 27분 42초였다면 재민이가 영화를 보기 시작한 시각은 오전 몇 시 몇 분 몇 초였을까요?

오전 (   )

05

분수와 소수

· 학습기록표 ·

학습일차	학습 내용	날짜	맞은 개수	
			연산	응용
DAY 41	**분수①** 색칠한 부분을 분수로 나타내기	/	/10	/4
DAY 42	**분수②** 분수만큼 색칠하기	/	/10	/4
DAY 43	**분수③** 색칠한 부분과 색칠하지 않은 부분 나타내기	/	/11	/5
DAY 44	**분수의 크기 비교①** 분모가 같은 분수와 단위분수의 크기 비교	/	/14	/5
DAY 45	**분수의 크기 비교②** 분수의 크기 비교	/	/14	/4
DAY 46	**소수①** 분수를 소수로, 소수를 분수로 나타내기	/	/14	/4
DAY 47	**소수②** 자연수와 소수로 이루어진 소수 알아보기	/	/6	/4
DAY 48	**소수③** 길이를 소수로 나타내기	/	/16	/5
DAY 49	**소수의 크기 비교** 소수의 크기 비교	/	/16	/4
DAY 50	**마무리 확인**	/		/20

책상에 붙여 놓고
매일매일 기록해요.

5. 분수와 소수

▶ 분수

분수로 나타내기 색칠한 부분이 전체를 똑같이 나눈 것 중의 몇인지 분수로 나타내요.

❶ 전체를 똑같이 나누기

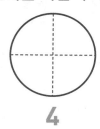

4

❷ 색칠하기

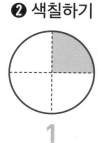

1

❸ 분수

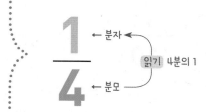

$\dfrac{1}{4}$ ← 분자 읽기 4분의 1 ← 분모

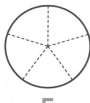

5

3

$\dfrac{3}{5}$ ← 분자 읽기 5분의 3 ← 분모

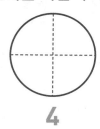

8

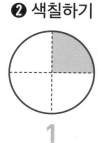

5

$\dfrac{5}{8}$ ← 분자 읽기 8분의 5 ← 분모

▶ 분모와 분자

약속 $\dfrac{4}{9}$ ← 분자: 색칠한 부분의 수

← 분모: 전체를 똑같이 나눈 수

▶ 단위분수

약속 $\dfrac{1}{7}$ $\dfrac{1}{5}, \dfrac{1}{9}, \dfrac{1}{11}$ ……과 같이

분자가 1인 분수

소수

▶

소수로 나타내기 전체를 똑같이 10으로 나눈 것 중의 부분을 소수로 나타내요.

❶ 전체를 똑같이 10으로 나누기	❷ 색칠하기	❸ 분수	❹ 소수

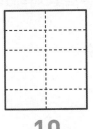
10

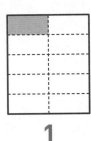
1

$\dfrac{1}{10}$ = **0.1**

읽기 영 점 일

10

4

$\dfrac{4}{10}$ = **0.4**

읽기 영 점 사

10

7

$\dfrac{7}{10}$ = **0.7**

읽기 영 점 칠

▶ 소수와 소수점

약속 ▶ 소수: 0.1, 0.2, 0.3과 같은 수
소수점: 0.1, 0.2, 0.3에서 ' . '을
소수점이라고 합니다.

▶ 1보다 큰 소수

약속 ▶ 3과 0.4만큼: 3.4, 삼 점 사
10과 0.7만큼: 10.7, 십 점 칠
24와 0.3만큼: 24.3, 이십사 점 삼

색칠한 부분을 분수로 나타내세요.

 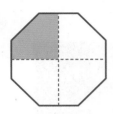

$$\frac{1}{4}$$ — 색칠한 부분의 수 — 전체를 똑같이 나눈 수

6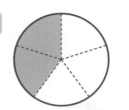

2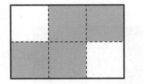

7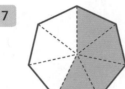

3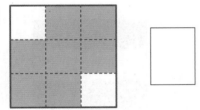

8

4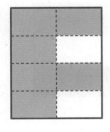

9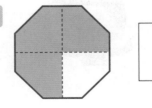

5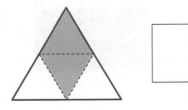

10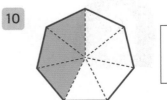

친구들이 그린 깃발을 찾아 알맞게 이어 보세요.

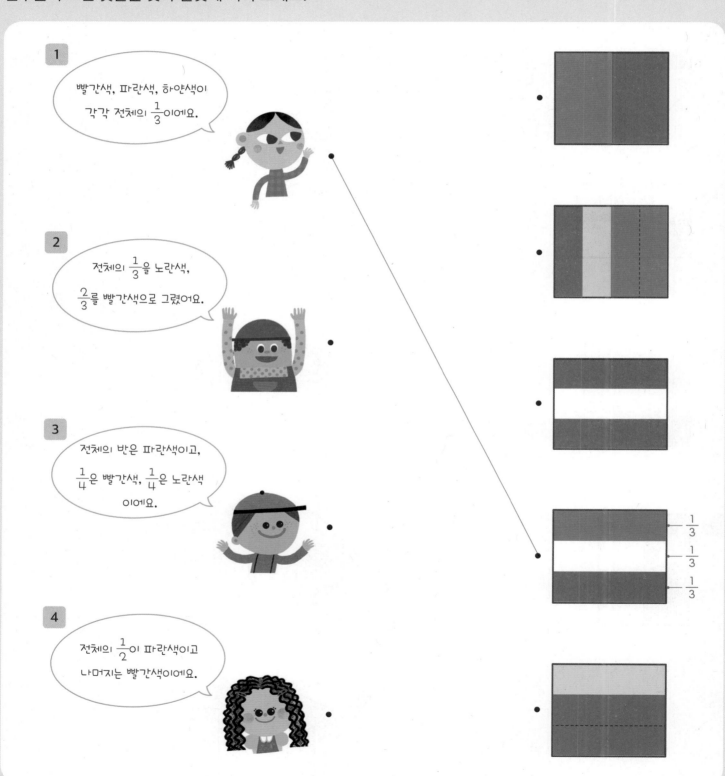

1 빨간색, 파란색, 하얀색이 각각 전체의 $\frac{1}{3}$이에요.

2 전체의 $\frac{1}{3}$을 노란색, $\frac{2}{3}$를 빨간색으로 그렸어요.

3 전체의 반은 파란색이고, $\frac{1}{4}$은 빨간색, $\frac{1}{4}$은 노란색 이에요.

4 전체의 $\frac{1}{2}$이 파란색이고 나머지는 빨간색이에요.

분수만큼 색칠하세요.

색칠하는 부분의 수

1 → $\dfrac{3}{4}$

전체를 똑같이 나눈 수

6 $\dfrac{1}{2}$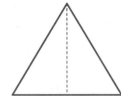

2 $\dfrac{1}{3}$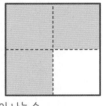

7 $\dfrac{2}{6}$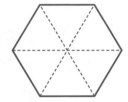

3 $\dfrac{5}{7}$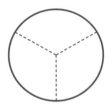

8 $\dfrac{4}{6}$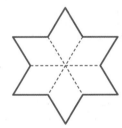

4 $\dfrac{3}{5}$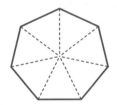

9 $\dfrac{8}{9}$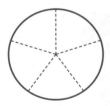

5 $\dfrac{5}{6}$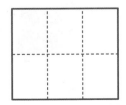

10 $\dfrac{4}{7}$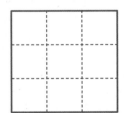

응용 UP   분수②

도형을 알맞게 나누어 분수만큼 색칠하고, □ 안에 알맞은 수를 쓰세요.

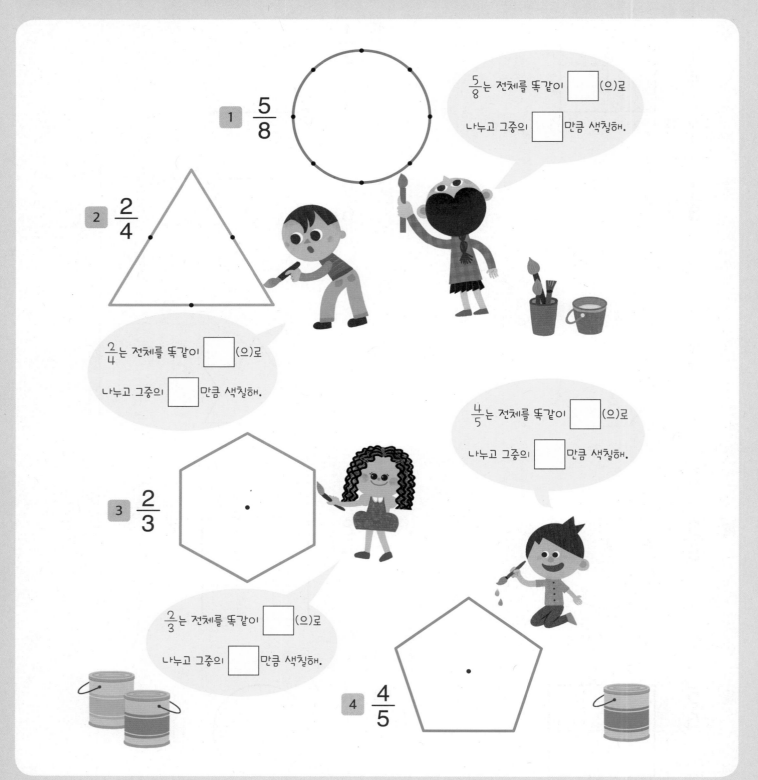

1 $\dfrac{5}{8}$

$\dfrac{5}{8}$는 전체를 똑같이 □(으)로

나누고 그중의 □만큼 색칠해.

2 $\dfrac{2}{4}$

$\dfrac{2}{4}$는 전체를 똑같이 □(으)로

나누고 그중의 □만큼 색칠해.

$\dfrac{4}{5}$는 전체를 똑같이 □(으)로

나누고 그중의 □만큼 색칠해.

3 $\dfrac{2}{3}$

$\dfrac{2}{3}$는 전체를 똑같이 □(으)로

나누고 그중의 □만큼 색칠해.

4 $\dfrac{4}{5}$

색칠한 부분과 색칠하지 않은 부분을 분수로 나타내세요.

1

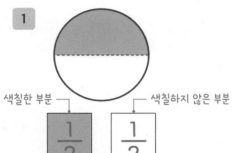

색칠한 부분   색칠하지 않은 부분

$\dfrac{1}{2}$ $\dfrac{1}{2}$

2

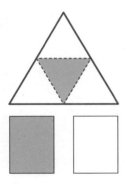

3

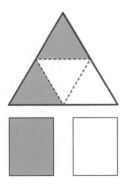

4

5

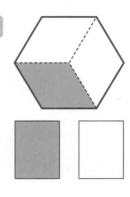

6

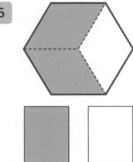

7

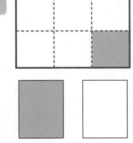

8

9

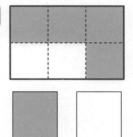

10

11

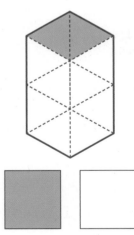

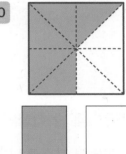

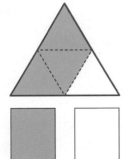

바로 개념

색칠한 부분의 수와 색칠하지 않은 부분의 수를 더하면 (전체 , 부분) 을/를 똑같이 나눈 수와 같아.

1 동하는 피자의 $\frac{3}{4}$을 먹었습니다. 남은 피자는 전체의 얼마인지 분수로 나타내세요.

답 _____

2 민주는 도화지의 $\frac{5}{8}$만큼 색칠했습니다. 색칠하지 않은 부분은 도화지 전체의 얼마인지 분수로 나타내세요.

답 _____

3 하은이네 반 학생의 $\frac{3}{5}$이 여학생일 때 남학생은 전체의 얼마인지 분수로 나타내세요.

답 _____

4 여름 방학의 $\frac{1}{3}$이 지나갔습니다. 남은 여름 방학은 전체의 얼마인지 분수로 나타내세요.

답 _____

5 식빵의 $\frac{2}{7}$는 아침에 먹고 $\frac{4}{7}$는 점심에 먹었습니다. 남은 식빵은 전체의 얼마인지 분수로 나타내세요.

답 _____

분수의 크기를 비교하여 >, <를 알맞게 쓰세요.

1 $\dfrac{1}{5}$ ◯ ② 분자가 클수록 커. ◯ $\dfrac{4}{5}$ ① 분모가 같으면
$\dfrac{1}{5}$ **<** $\dfrac{4}{5}$

8 ① 단위분수는 $\dfrac{1}{5}$ **<** $\dfrac{1}{4}$ ② 분모가 클수록 작아.

바로 개념

단위분수는 분자가 ☐ 인 분수야.

2 $\dfrac{3}{4}$ ◯ $\dfrac{1}{4}$

9 $\dfrac{1}{5}$ ◯ $\dfrac{1}{7}$

3 $\dfrac{2}{7}$ ◯ $\dfrac{5}{7}$

10 $\dfrac{1}{9}$ ◯ $\dfrac{1}{3}$

4 $\dfrac{8}{10}$ ◯ $\dfrac{5}{10}$

11 $\dfrac{1}{10}$ ◯ $\dfrac{1}{8}$

5 $\dfrac{2}{9}$ ◯ $\dfrac{3}{9}$

12 $\dfrac{1}{5}$ ◯ $\dfrac{1}{12}$

6 $\dfrac{12}{14}$ ◯ $\dfrac{11}{14}$

13 $\dfrac{1}{11}$ ◯ $\dfrac{1}{10}$

7 $\dfrac{3}{30}$ ◯ $\dfrac{8}{30}$

14 $\dfrac{1}{18}$ ◯ $\dfrac{1}{20}$

1 색 테이프를 잘라서 지수는 전체의 $\frac{3}{8}$을, 민정이는 전체의 $\frac{5}{8}$를 가졌습니다. 색 테이프를 더 많이 가진 사람은 누구인가요?

답 _____

2 똑같은 양의 음료수를 마신 후 영규는 $\frac{1}{6}$만큼 남기고, 재민이는 $\frac{1}{5}$만큼 남겼습니다. 음료수를 더 많이 남긴 사람은 누구인가요?

답 _____

3 민규는 종이띠 한 장의 $\frac{5}{9}$로 나무를 만들고, 종이띠 한 장의 $\frac{7}{9}$로 코끼리를 만들었습니다. 무엇을 만드는 데 종이띠를 더 많이 사용했나요?

답 _____

4 피자 한 판의 $\frac{2}{9}$는 승우가 먹고 $\frac{3}{9}$은 재희가 먹고 나머지는 민하가 먹었습니다. 피자를 많이 먹은 순서대로 이름을 쓰세요.

답 _____

5 미술 시간에 똑같은 도화지를 소민이는 $\frac{6}{7}$만큼 썼고, 지호는 $\frac{8}{9}$만큼 썼습니다. 남은 도화지가 더 많은 사람은 누구인가요?

분모가 달라!

일단 남은 양을 구해 봐.

답 _____

분수의 크기를 비교하여 >, <를 알맞게 쓰세요.

1 $\dfrac{5}{6}$ ◯ $\dfrac{3}{6}$

2 $\dfrac{2}{5}$ ◯ $\dfrac{4}{5}$

3 $\dfrac{1}{14}$ ◯ $\dfrac{1}{16}$

4 $\dfrac{1}{8}$ ◯ $\dfrac{1}{6}$

5 $\dfrac{5}{11}$ ◯ $\dfrac{7}{11}$

6 $\dfrac{9}{13}$ ◯ $\dfrac{10}{13}$

7 $\dfrac{1}{5}$ ◯ $\dfrac{1}{9}$

8 $\dfrac{1}{4}$ ◯ $\dfrac{1}{3}$

9 $\dfrac{1}{6}$ ◯ $\dfrac{1}{2}$

10 $\dfrac{13}{20}$ ◯ $\dfrac{11}{20}$

11 $\dfrac{5}{9}$ ◯ $\dfrac{2}{9}$

12 $\dfrac{1}{20}$ ◯ $\dfrac{1}{17}$

13 $\dfrac{1}{13}$ ◯ $\dfrac{1}{10}$

14 $\dfrac{12}{15}$ ◯ $\dfrac{14}{15}$

1 분모가 8인 분수 중에서 $\frac{3}{8}$보다 크고 $\frac{6}{8}$보다 작은 분수를 모두 구하세요.

답 _____

2 1부터 9까지의 자연수 중에서 □ 안에 들어갈 수 있는 수를 모두 구하세요.

$$\frac{4}{12} > \frac{\square}{12}$$

답 _____

3 다음 수 카드 중 한 장을 뽑아 그 수를 분모로 하여 분자가 1인 분수를 만들려고 합니다. 만들 수 있는 가장 큰 분수를 구하세요.

답 _____

4 친구들이 말하는 분수를 모두 구하세요.

답 _____

분수는 소수로, 소수는 분수로 나타내세요.

1 $\dfrac{3}{10}$ = $\boxed{0.3}$

$\dfrac{■}{10}$를 0.■로 바꿔!

2 $\dfrac{2}{10}$ = $\boxed{}$

3 $\dfrac{7}{10}$ = $\boxed{}$

4 $\dfrac{4}{10}$ = $\boxed{}$

5 $\dfrac{6}{10}$ = $\boxed{}$

6 $\dfrac{1}{10}$ = $\boxed{}$

7 $\dfrac{9}{10}$ = $\boxed{}$

8 $0.7 = \dfrac{\boxed{7}}{\boxed{10}}$

0.■를 $\dfrac{■}{10}$로 바꿔!

9 $0.4 = \dfrac{\boxed{}}{\boxed{}}$

10 $0.5 = \dfrac{\boxed{}}{\boxed{}}$

11 $0.6 = \dfrac{\boxed{}}{\boxed{}}$

12 $0.8 = \dfrac{\boxed{}}{\boxed{}}$

13 $0.9 = \dfrac{\boxed{}}{\boxed{}}$

14 $0.2 = \dfrac{\boxed{}}{\boxed{}}$

꽃들이 어떤 열매를 맺는지 화살표를 따라 가 보세요. 이때 알맞게 색칠하고 □ 안에 알맞은 수를 쓰세요.

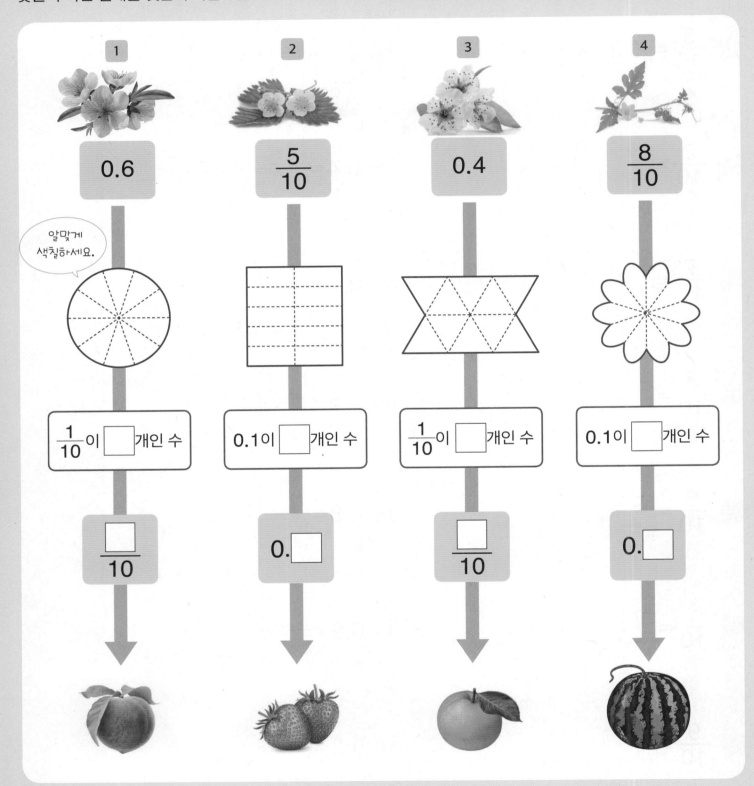

가 나타내는 소수를 알아보세요.

1과 0.8만큼을 나타내는 소수

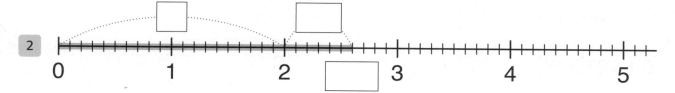

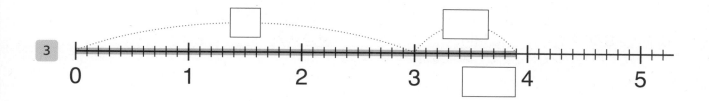

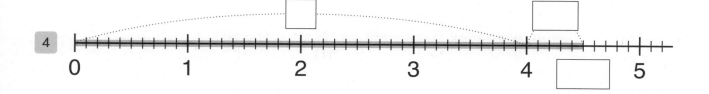

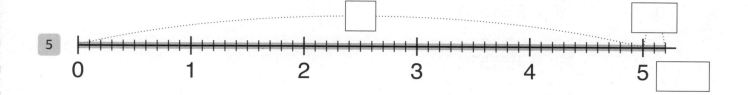

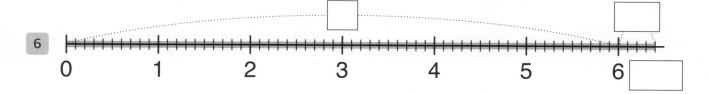

□ 안에 알맞은 수를 쓰세요.

1 0.1이 04개이면 0.4 입니다.

0.1이 12개이면 ☐ 입니다.

0.1이 27개이면 ☐ 입니다.

0.1이 46개이면 ☐ 입니다.

0.1이 79개이면 ☐ 입니다.

3 0.6은 0.1이 ☐ 개인 수입니다.

1.3은 0.1이 ☐ 개인 수입니다.

4.7은 0.1이 ☐ 개인 수입니다.

8.2는 0.1이 ☐ 개인 수입니다.

6.9는 0.1이 ☐ 개인 수입니다.

2 0.1이 ☐ 개이면 0.7입니다.

0.1이 ☐ 개이면 1.1입니다.

0.1이 ☐ 개이면 2.5입니다.

0.1이 ☐ 개이면 4.3입니다.

0.1이 ☐ 개이면 5.6입니다.

소수를 쓰자.

4 $\frac{1}{10}$이 15개이면 ☐ 입니다.

$\frac{1}{10}$이 26개이면 ☐ 입니다.

$\frac{1}{10}$이 48개이면 ☐ 입니다.

$\frac{1}{10}$이 86개이면 ☐ 입니다.

$\frac{1}{10}$이 134개이면 ☐ 입니다.

길이를 소수로 나타내세요.

1

| 0 | 1 | 2 | 3 | 4 | 5 | 6 | 7 | 8 | 9 | 10(mm) |
| 0 | 0.1 | 0.2 | 0.3 | 0.4 | 0.5 | 0.6 | 0.7 | 0.8 | 0.9 | 1(cm) |

0   1

1 mm = ☐ cm

0.2 cm

2 4 cm 2 mm = ☐ cm

3 12 cm 9 mm = ☐ cm

4 54 mm = ☐ cm

5 68 mm = ☐ cm

6 77 mm = ☐ cm

7

| 0 | 10 | 20 | 30 | 40 | 50 | 60 | 70 | 80 | 90 | 100(cm) |
| 0 | 0.1 | 0.2 | 0.3 | 0.4 | 0.5 | 0.6 | 0.7 | 0.8 | 0.9 | 1(m) |

10 cm = ☐ m

0.5 m

8 3 m 50 cm = ☐ m

9 15 m 30 cm = ☐ m

10 620 cm = ☐ m

11 970 cm = ☐ m

12

| 0 | 100 | 200 | 300 | 400 | 500 | 600 | 700 | 800 | 900 | 1000(m) |
| 0 | 0.1 | 0.2 | 0.3 | 0.4 | 0.5 | 0.6 | 0.7 | 0.8 | 0.9 | 1(km) |

100 m = ☐ km

0.6 km

13 4 km 600 m = ☐ km

14 32 km 700 m = ☐ km

15 7800 m = ☐ km

16 8300 m = ☐ km

이야기를 읽고 □ 안에 소수를 알맞게 써넣어 지도를 완성하세요.

가족들과 함께 섬으로 여행을 갔다.

숙소에서 제1쉼터까지는 2 km 300 m이고 제1쉼터에서 갈림길까지는

1800 m이다. 제1쉼터에 놓인 간이침대 길이는 1 m 50cm로 내 키보다

길다고 하니 한번 누워 봐야지.

갈림길에서 제2쉼터까지는 500 m, 제3쉼터까지는 400 m라고 한다.

내일은 지도를 따라 섬을 한 바퀴 둘러봐야겠다.

두 수의 크기를 비교하여 >, <를 알맞게 쓰세요.

1 자연수 부분이 같으면

1 2.4 $<$ 2.6

2 소수 부분이 클수록 커.

자연수 부분이 클수록 커.

9 4.1 $>$ 1.9

2 1.2 ◯ 1.5

10 1.7 ◯ 3.3

3 0.4 ◯ 0.3

11 3.2 ◯ 4.5

4 6.8 ◯ 6.2

12 7.4 ◯ 5.3

5 4.3 ◯ 4.6

13 0.5 ◯ 1.3

6 $\dfrac{9}{10}$ ◯ 0.5

14 25.4 ◯ 19.7

7 $\dfrac{8}{10}$ ◯ 0.9

15 12.4 ◯ 11.8

8 0.7 ◯ $\dfrac{5}{10}$

16 10 ◯ 9.8

1 0.1이 3개인 수보다 크고 $\dfrac{6}{10}$보다 작은 소수를 모두 찾아 쓰세요.

| 0.1 | 0.2 | 0.3 | 0.4 | 0.5 | 0.6 |

답 _____

2 1부터 9까지의 자연수 중에서 □ 안에 들어갈 수 있는 수를 모두 구하세요.

4.5 > □.3

답 _____

3 같은 날 심은 강낭콩의 키를 재었더니 1모둠은 0.7 m, 2모둠은 $\dfrac{8}{10}$ m, 3모둠은 0.6 m였습니다. 강낭콩이 가장 많이 자란 모둠은 어느 모둠인가요?

답 _____

4 길이가 서로 다른 빨대가 3개 있습니다.
빨대 ㉮는 12.5 cm이고, 빨대 ㉯는 12 cm보다 8 mm 더 길고, 빨대 ㉰는 132 mm입니다. 가장 긴 빨대의 기호를 쓰고, 길이는 몇 cm인지 소수로 나타내세요.

답 _____ , _____

1 색칠한 부분을 분수로 나타내세요.

(1)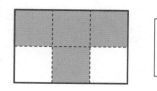

(3)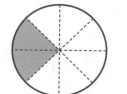

(2)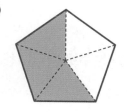

(4)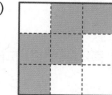

2 분수는 소수로, 소수는 분수로 나타내세요.

(1) $\dfrac{6}{10} = \boxed{}$

(3) $0.3 = \dfrac{\boxed{}}{\boxed{}}$

(2) $\dfrac{8}{10} = \boxed{}$

(4) $0.4 = \dfrac{\boxed{}}{\boxed{}}$

3 두 수의 크기를 비교하여 >, <를 알맞게 쓰세요.

(1) $\dfrac{4}{8} \bigcirc \dfrac{7}{8}$

(4) $\dfrac{1}{9} \bigcirc \dfrac{1}{7}$

(2) $0.6 \bigcirc 0.3$

(5) $1.8 \bigcirc 8.1$

(3) $7.2 \bigcirc 7.4$

(6) $1.1 \bigcirc \dfrac{9}{10}$

4 도형을 알맞게 나누어 분수만큼 색칠하세요.

(1) $\dfrac{3}{4}$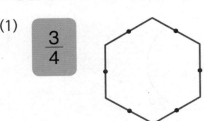

(2) $\dfrac{2}{6}$

5 재민이는 색종이를 $\dfrac{5}{7}$ 만큼 사용했습니다. 색종이의 사용하지 않은 부분을 분수로 나타내세요.

(   )

6 체육 시간에 멀리뛰기를 했습니다. 진우는 **1.8 m**, 민경이는 $\dfrac{9}{10}$ **m**, 우빈이는 **210 cm**를 뛰었습니다. 멀리 뛴 학생부터 차례대로 이름을 쓰세요.

(,   ,   )

7 다음 설명에 맞는 소수를 모두 찾아 ○표 하세요.

> · $\dfrac{4}{10}$ 보다 큰 수입니다.
>
> · 0.1이 8개인 수보다 작은 수입니다.

(0.3 0.4 0.5 0.6 0.7 0.8)

8 1부터 9까지의 자연수 중에서 □ 안에 들어갈 수 있는 수를 모두 구하세요.

□.8 < 5.7

(   )

· 메모 ·

· 메모 ·

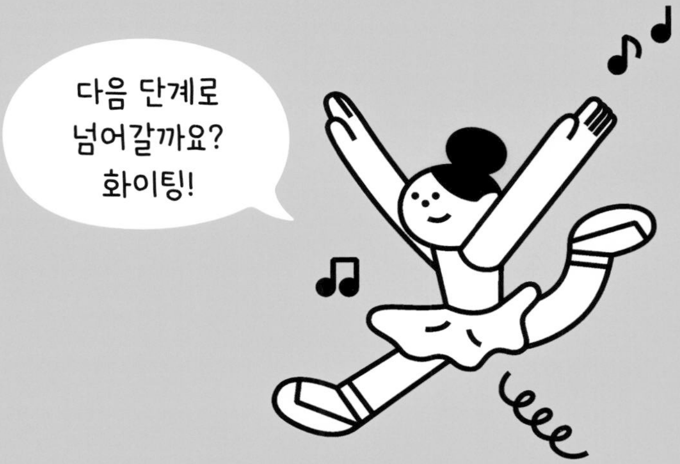
다음 단계로
넘어갈까요?
화이팅!

앗!

본책의 정답과 풀이를 분실하셨나요?
길벗스쿨 홈페이지에 들어오시면 내려받으실 수 있습니다.
https://school.gilbut.co.kr/

기적의 계산법 응용 up

정답과 풀이

초등 3학년 **5**권

5권

01 덧셈과 뺄셈

11쪽
12쪽

DAY 1

연산 UP

1	483	6	757	11	1279
2	884	7	509	12	1098
3	591	8	727	13	1585
4	771	9	928	14	1187
5	880	10	815	15	1269

응용 UP

1.
$$\begin{array}{r} 252 \\ +329 \\ \hline 581 \end{array}$$

3.
$$\begin{array}{r} 325 \\ +942 \\ \hline 1267 \end{array}$$

2.
$$\begin{array}{r} 174 \\ +652 \\ \hline 826 \end{array}$$

4.
$$\begin{array}{r} 285 \\ +324 \\ \hline 609 \end{array}$$

응용 UP 3 백의 자리 계산 $3+9=12$에서 1을 천의 자리에 쓰지 않았습니다.

4 십의 자리 계산 $8+2=10$에서 1을 백의 자리로 받아올려야 하는데 십의 자리에 그대로 써서 틀렸습니다.

DAY 2

13쪽
14쪽

연산 UP

1	624	6	1062	11	800
2	934	7	1222	12	1011
3	743	8	1522	13	1024
4	941	9	1322	14	853
5	610	10	1410	15	1132

응용 UP

(위부터)

1	5, 9	4	7, 6, 9	7	8, 5, 1
2	4, 3, 1	5	2, 2, 1	8	4, 8, 4
3	2, 7, 8	6	1, 7, 2	9	7, 7, 1, 2

DAY 3

15쪽
16쪽

연산 UP

1	785	6	720	11	1241
2	655	7	893	12	1229
3	640	8	1000	13	822
4	1291	9	1402	14	1205
5	892	10	1094	15	1606

응용 UP

부엉이

응용 UP 두 사람의 입장료는 540원이므로 두 사람이 갖고 있는 돈이 540원이거나 540원보다 많은 모둠을 찾습니다.

540원보다 많이 가지고 있는 모둠은 부엉이 모둠입니다.

연산 UP

1	589	5	705	9	635
2	898	6	817	10	538
3	901	7	1255	11	1197
4	984	8	787	12	1340

응용 UP

1 643명
2 405권
3 815 m
4 1432명
5 670상자

응용 UP 1 $486 + 157 = 643$(명)
3 $467 + 348 = 815$(m)
5 올해: $276 + 118 = 394$(상자),
작년과 올해: $276 + 394 = 670$(상자)

2 $258 + 147 = 405$(권)
4 $647 + 785 = 1432$(명)

연산 UP

1	236	6	155	11	225
2	318	7	172	12	283
3	346	8	372	13	246
4	246	9	344	14	154
5	438	10	131	15	222

응용 UP

1
```
    6 5 2
  - 3 2 7
  ───────
    3̶ 3̶ 5̶  325
```

5
```
    5 2 3
  - 3 1 7
  ───────
    2̶ 1̶ 4̶  206
```

2
```
    6 2 7
  - 4 5 3
  ───────
    1 7 4
```

6
```
    8 2 5
  - 4 6 3
  ───────
    4̶ 6̶ 2̶  362
```

3
```
    4 6 3
  - 2 3 5
  ───────
    2̶ 3̶ 8̶  228
```

7
```
    5 4 0
  - 1 2 6
  ───────
    4 1 4
```

4
```
    7 0 4
  - 4 2 1
  ───────
    3̶ 8̶ 3̶  283
```

8
```
    9 1 4
  - 5 6 2
  ───────
    4̶ 5̶ 2̶  352
```

연산 UP

1	168	6	327	11	367
2	478	7	465	12	282
3	528	8	246	13	416
4	178	9	59	14	357
5	147	10	158	15	287

응용 UP

(위부터)

		3	3, 3, 2	6	8, 3, 8
1	3, 2, 8	4	6, 4, 7	7	8, 9, 4
2	7, 6, 2	5	6, 4, 2	8	0, 4, 1

연산 UP

1	137	6	348	11	257
2	209	7	294	12	375
3	545	8	485	13	355
4	238	9	451	14	382
5	244	10	166	15	164

응용 UP

	식		답	
1	식	446−325=121	답	121개
2	식	750−284=466	답	466명
3	식	310−125=185	답	185킬로칼로리
4	식	700−428=272	답	272 cm
5	식	625−537=88	답	88번

연산 UP

1	244	5	199	9	79
2	626	6	112	10	278
3	131	7	202	11	172
4	191	8	59	12	164

응용 UP

	식		답	
1	식	477−418=59	답	59 m
2	식	301−249=52	답	52 m
3	식	500−249=251	답	251 m
4	식	500−477=23	답	23 m

연산 UP

1	599	6	342	11	1061
2	138	7	910	12	320
3	295	8	324	13	1266
4	711	9	1007	14	244
5	342	10	1202	15	97

응용 UP

1

```
    1 2 4
 +  4 3 1
    5 5 5
 +  4 2 1
    9 7 6
 +  5 4 2
  1 5 1 8
```

2

```
    9 9 9
 −  2 3 5
    7 6 4
 −  1 3 6
    6 2 8
 −  2 5 6
    3 7 2
```

연산 UP

1. 342
2. 882
3. 1211
4. 439
5. 756
6. 266
7. 752
8. 1200
9. 372
10. 742
11. 274
12. 294

응용 UP

1. 713대
2. 1093송이
3. 222권
4. 69명
5. 586 cm

응용 UP
1. 9월: 328대, 10월: 328＋57＝385(대) ⇨ (9월)＋(10월)＝328＋385＝713(대)
2. 장미: 625송이, 튤립: 625－157＝468(송이) ⇨ (장미)＋(튤립)＝625＋468＝1093(송이)
3. 316－148＋54＝168＋54＝222(권) ⇨ 222권 남아 있습니다.
4. 500－153－278＝347－278＝69(명) ⇨ 69명 더 입장할 수 있습니다.
5. 384＋267－65＝651－65＝586(cm) ⇨ 이어 붙인 색 테이프의 전체 길이는 586 cm입니다.

연산 UP

1. 397－239, 158
2. 581－326, 255
3. 634－258, 376
4. 715－426, 289
5. 823－135, 688
6. 532－153, 379
7. 648－287, 361
8. 542－186, 356
9. 821－364, 457
10. 901－676, 225

응용 UP

1. 184
2. 438
3. 208
4. 654
5. 51

응용 UP
1. 352＋□＝536, □＝536－352, □＝184
2. □＋294＝732, □＝732－294, □＝438
4. 346＋□＝814, □＝814－346, □＝468
   어떤 수가 468이므로 468보다 186 큰 수는 468＋186＝654입니다.
5. □＋236＝523, □＝523－236, □＝287
   바르게 계산하면 287－236＝51입니다.

연산 UP

1 567−397,
   170

2 726−288,
   438

3 506−253,
   253

4 824−567,
   257

5 465−396,
   69

6 542+173,
   715

7 487+326,
   813

8 167+467,
   634

9 463+269,
   732

10 288+616,
    904

응용 UP

1 343

2 803

3 458

4 267

5 1055

응용 UP 1 $627-\square=284$, $\square=627-284$, $\square=343$

2 $\square-238=565$, $\square=565+238$, $\square=803$

3 $944-\square=486$, $\square=944-486$, $\square=458$

4 $721-\square=257$, $\square=721-257$, $\square=464$
   어떤 수가 464이므로 464보다 197 작은 수는 $464-197=267$입니다.

5 $821-\square=587$, $\square=821-587$, $\square=234$
   바르게 계산하면 $821+234=1055$입니다.

1 (1) 697
    (2) 843
    (3) 1032

2 (1) 230
    (2) 474
    (3) 172

    (4) 794
    (5) 1204
    (6) 1404

    (4) 164
    (5) 337
    (6) 168

3 593 m

4 400명

5 (위부터) (1) 4, 8, 4   (2) 1, 2, 6

6 207

7 908, 396

3 $347+246=593$(m)

6 $\square+258=723$, $\square=723-258$, $\square=465$
   바르게 계산하면 $465-258=207$입니다.

7 만들 수 있는 가장 큰 세 자리 수는 652, 가장 작은 세 자리 수는 256입니다.
   ⇨ $652+256=908$, $652-256=396$

02 나눗셈

연산 UP

1	4	6	3
2	4	7	5
3	6	8	5
4	5	9	9
5	7	10	6

응용 UP

1 **식** $18 \div 3 = 6$ **답** 6송이
2 **식** $15 \div 5 = 3$ **답** 3명
3 **식** $24 \div 8 = 3$ **답** 3개
4 **식** $32 \div 4 = 8$ **답** 8권
5 **식** $35 \div 7 = 5$ **답** 5마리

DAY 14
41쪽
42쪽

연산 UP

1	5	6	2
2	2	7	4
3	6	8	4
4	5	9	7
5	2	10	4

응용 UP

1 **식** $18 \div 6 = 3$ **답** 3개
2 **식** $36 \div 4 = 9$ **답** 9명
3 **식** $54 \div 9 = 6$ **답** 6일
4 **식** $24 \div 3 = 8$ **답** 8개
5 **식** $32 \div 4 = 8$ **답** 8명

DAY 15
43쪽
44쪽

연산 UP

1	4, 4	7	3, 3
2	2, 2	8	9, 9
3	5, 5	9	6, 6
4	9, 9	10	7, 7
5	7, 7	11	8, 8
6	8, 8	12	7, 7

응용 UP

1 $56 \div 7 = 8$, $7 \times 8 = 56$, 바릅니다에 ○표
2 $24 \div 6 = 4$, $6 \times 4 = 24$, 은빈
3 $32 \div 4 = 8$, $4 \times 8 = 32$, 8
4 $28 \div 7 = 4$, $7 \times 4 = 28$, 4

DAY 16
45쪽
46쪽

연산 UP

1	6, 7, 8	6	4, 5, 6	11	3, 4, 5
2	2, 5, 8	7	4, 5, 7	12	6, 7, 8
3	2, 5, 8	8	3, 5, 8	13	3, 6, 9
4	7, 8, 9	9	6, 8, 9	14	3, 7, 9
5	4, 5, 9	10	4, 6, 9	15	7, 8, 9

응용 UP

1	식	$20 \div 5 = 4$	답	4개
2	식	$30 \div 5 = 6$	답	6개
3	식	$18 \div 3 = 6$	답	6개
4	식	$42 \div 7 = 6$	답	6묶음

응용 UP

1 $20 \div 5 = 4$ ⇨ 20개를 상자 하나에 5개씩 담으려면 상자는 4개 필요합니다.

2 $30 \div 5 = 6$ ⇨ 30개를 봉지 5개에 똑같이 나누어 담으려면 한 봉지에 6개씩 담아야 합니다.

3 $18 \div 3 = 6$ ⇨ 18개를 한 상자에 3개씩 담았으므로 호박이 담긴 상자는 6개입니다.

4 $42 \div 7 = 6$ ⇨ 42개를 7개씩 묶으면 6묶음이 됩니다.

연산 UP

1	2	9	5	17	3
2	3	10	4	18	8
3	8	11	9	19	8
4	9	12	3	20	2
5	7	13	4	21	8
6	8	14	9	22	5
7	7	15	5	23	8
8	6	16	5	24	6

응용 UP

26

응용 UP 주황색 구슬 3개의 무게가 15 g이므로 한 개의 무게는 $15 \div 3 = 5$(g)입니다.

분홍색 구슬 9개의 무게가 72 g이므로 한 개의 무게는 $72 \div 9 = 8$(g)입니다.

초록색 구슬 5개의 무게가 35 g이므로 한 개의 무게는 $35 \div 5 = 7$(g)입니다.

보라색 구슬 4개의 무게가 24 g이므로 한 개의 무게는 $24 \div 4 = 6$(g)입니다.

⇨ $5 + 8 + 7 + 6 = 26$(g)

연산 UP

1	8	9	3	17	7
2	5	10	3	18	4
3	6	11	5	19	9
4	8	12	9	20	3
5	8	13	6	21	3
6	5	14	9	22	2
7	7	15	4	23	6
8	8	16	8	24	6

응용 UP

1 8개

2 11개

3 5개

4 3장

5 6명

응용 UP

1 초콜릿은 모두 $30+10=40$(개)이고 이것을 5명에게 똑같이 나누어 주려면 한 명에게 $40÷5=8$(개) 씩 주어야 합니다.

2 초코 과자: $32÷8=4$(개), 바닐라 과자: $28÷4=7$(개)
⇨ 필요한 봉지는 모두 $4+7=11$(개)입니다.

3 첫날 먹고 남은 귤은 $40-5=35$(개), 일주일은 7일이므로 35개를 7일 동안 똑같이 나누어 먹으려면 하루에 $35÷7=5$(개)씩 먹어야 합니다.

4 한 묶음에 들어 있는 놀이 카드는 $72÷8=9$(장)입니다. 9장을 친구 3명에게 똑같이 나누어 주었으므로 친구 한 명에게 준 놀이 카드는 $9÷3=3$(장)입니다.

5 색종이는 모두 $8×3=24$(장)이고, 24장을 한 명에게 4장씩 나누어 주면 $24÷4=6$(명)에게 나누어 줄 수 있습니다.

연산 UP

1	8, 8	7	45, 45
2	7, 7	8	21, 21
3	4, 4	9	40, 40
4	9, 9	10	14, 14
5	6, 6	11	35, 35
6	7, 7	12	32, 32

응용 UP

(위부터)

1 5, 30, 9, 3

2 6, 4, 48, 2

3 9, 8, 63, 54

4 42, 7, 3, 8

DAY 21

55쪽
56쪽

연산 UP

1	7
2	6
3	8
4	9
5	5
6	9
7	8

8	30
9	28
10	56
11	40
12	36
13	49
14	27

응용 UP

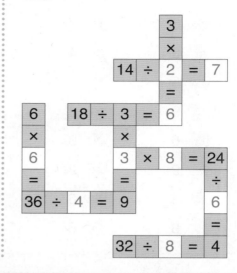

연산 UP 1 $42 \div \square = 6$에서 $\square \times 6 = 42$입니다. $\boxed{7} \times 6 = 42$이므로 $\square = 7$입니다.

8 $\square \div 5 = 6$에서 $\square = 5 \times 6$이므로 $\square = 30$입니다.

DAY 22

57쪽
58쪽

1
(1) 2, 2, 16
(2) 8, 8, 24
(3) 8, 8, 72

(4) 3, 3, 15
(5) 6, 6, 36
(6) 7, 7, 63

2
(1) 2
(2) 9
(3) 5
(4) 7
(5) 5

(6) 7
(7) 4
(8) 2
(9) 8
(10) 8

3 5장

4 4묶음

5 7 cm

6

3 $20 \div 4 = 5$ ⇨ 한 명에게 5장씩 주어야 합니다.

4 $32 \div 8 = 4$ ⇨ 8권씩 4묶음 만들 수 있습니다.

5 4층까지 높이가 28 cm이므로 벽돌 한 개의 높이는 $28 \div 4 = 7$(cm)입니다.

6 4명에게 나누어 줄 때: $24 \div 4 = 6$(개)
6명에게 나누어 줄 때: $24 \div 6 = 4$(개)
8명에게 나누어 줄 때: $24 \div 8 = 3$(개)

03 곱셈

연산 UP

1. 60
   80
   100
   120

2. 60
   90
   120
   150

3. 80
   120
   200
   320

4. 180
   240
   420
   540

5. 150
   250
   300
   400

6. 280
   350
   490
   630

7. 120
   150
   210
   240

8. 160
   400
   560
   640

응용 UP

1. 140
2. 180
3. 180
4. 200

연산 UP

1. 96
2. 48
3. 80
4. 84
5. 36
6. 48
7. 88
8. 99
9. 39
10. 82
11. 84
12. 64
13. 69
14. 93
15. 28
16. 88
17. 63
18. 90
19. 68
20. 86

응용 UP

1. 69
   60
   9

2. 88
   80
   8

3. 39
   30
   9

4. 68
   40
   28

5. 155
   150
   5

연산 UP

1	208	6	183	11	246	16	287
2	128	7	126	12	213	17	368
3	205	8	249	13	188	18	288
4	104	9	189	14	126	19	186
5	216	10	819	15	328	20	106

응용 UP

1 식 $31 \times 5 = 155$ 답 155개

2 식 $41 \times 3 = 123$ 답 123장

3 식 $42 \times 4 = 168$ 답 168개

4 식 $21 \times 6 = 126$ 답 126가구

5 식 $53 \times 3 = 159$ 답 159개

연산 UP

1	64	6	75	11	92	16	98
2	96	7	60	12	72	17	90
3	70	8	50	13	48	18	54
4	78	9	72	14	87	19	90
5	94	10	95	15	76	20	72

응용 UP

1 $7 \times 2 \times 5 = \boxed{70}$ $7 \times 2 \times 5 = \boxed{70}$
   $\boxed{14}$ $\boxed{10}$
   $\boxed{70}$ $\boxed{70}$

2 $9 \times 5 \times 2 = \boxed{90}$ $9 \times 5 \times 2 = \boxed{90}$
   $\boxed{45}$ $\boxed{10}$
   $\boxed{90}$ $\boxed{90}$

3 $3 \times 5 \times 4 = \boxed{60}$ $3 \times 5 \times 4 = \boxed{60}$
   $\boxed{15}$ $\boxed{20}$
   $\boxed{60}$ $\boxed{60}$

4 $6 \times 3 \times 5 = \boxed{90}$ $6 \times 3 \times 5 = \boxed{90}$
   $\boxed{18}$ $\boxed{30}$
   $\boxed{90}$ $\boxed{90}$

연산 UP

1	268	6	441	11	235	16	216
2	432	7	576	12	430	17	504
3	230	8	100	13	245	18	460
4	196	9	222	14	468	19	399
5	156	10	133	15	352	20	152

응용 UP

1
$$\begin{array}{r} 27 \\ \times\ 4 \\ \hline 108 \end{array}$$

2
$$\begin{array}{r} 62 \\ \times\ 3 \\ \hline 186 \end{array}$$

3
$$\begin{array}{r} 25 \\ \times\ 3 \\ \hline 75 \end{array}$$

4
$$\begin{array}{r} 46 \\ \times\ 7 \\ \hline 322 \end{array}$$

5
$$\begin{array}{r} 35 \\ \times\ 6 \\ \hline 210 \end{array}$$

연산 UP

1	64	6	120	11	65	16	328
2	230	7	368	12	84	17	119
3	165	8	219	13	160	18	520
4	498	9	203	14	464	19	400
5	360	10	432	15	342	20	387

응용 UP

(위부터)

1	3	4	2	7	6, 4
2	7, 2	5	4, 9	8	7, 1
3	7	6	4	9	7, 2

응용 UP 7

$$\begin{array}{r} ^{\bigcirc}\boxed{6}\ 8 \\ \times\quad 7 \\ \hline ^{\bigcirc}\boxed{4}\ 7\ 6 \end{array}$$

ⓒ7은 일의 자리에서 올림한 수 5를 더한 값이므로 ㉠×7=ⓒ2입니다. 따라서 ㉠=6, ⓒ=4입니다.

8

$$\begin{array}{r} 7\ 4 \\ \times\quad ^{\bigcirc}\boxed{7} \\ \hline 5\ ^{\bigcirc}\boxed{1}\ 8 \end{array}$$

㉠=2일 경우 74×2=148 이므로 ㉠=2가 아닙니다. ㉠=7일 경우 74×7=518 이므로 ㉠=7입니다. 74×7=518이므로 ⓒ=1 입니다.

9

$$\begin{array}{r} 4\ ^{\bigcirc}\boxed{7} \\ \times\quad 5 \\ \hline ^{\bigcirc}\boxed{2}\ 3\ 5 \end{array}$$

4×5=20인데 계산한 값이 ⓒ3 이므로 일의 자리 에서 올림한 수가 3입니다. ㉠×5=35이므로 ㉠=7입니다. 47×5=235이므로 ⓒ=2입니다.

연산 UP

1	26	6	30	11	189	16	450
2	48	7	185	12	252	17	376
3	288	8	212	13	476	18	228
4	210	9	300	14	200	19	108
5	608	10	415	15	168	20	368

응용 UP

1	121장
2	234개
3	124개
4	189개

응용 UP

1 지호가 산 도화지는 모두 32×4=128(장)이고, 그중에서 7장을 사용했으므로 남아 있는 도화지는 128-7=121(장)입니다.

2 작은 양배추: 18×7=126(개), 큰 양배추: 12×9=108(개) ⇨ 126+108=234(개)

3 승우는 블록을 24+7=31(개) 가지고 있고, 규민이는 승우의 4배만큼 가지고 있으므로 31×4=124(개)를 가지고 있습니다.

4 모둠 수: 72÷8=9(모둠)
사과를 한 모둠당 21개씩 9모둠에 주어야 하므로 21×9=189(개) 필요합니다.

연산 UP

1 48
2 172
3 416
4 234
5 536

6 48
7 350
8 301
9 400
10 405

11 108
12 168
13 420
14 318
15 378

응용 UP

1
$$\begin{array}{r} \boxed{5}\,\boxed{3} \\ \times \quad \boxed{7} \\ \hline 3\ 7\ 1 \end{array}$$

4
$$\begin{array}{r} \boxed{6}\,\boxed{8} \\ \times \quad \boxed{4} \\ \hline 2\ 7\ 2 \end{array}$$

2
$$\begin{array}{r} \boxed{6}\,\boxed{4} \\ \times \quad \boxed{9} \\ \hline 5\ 7\ 6 \end{array}$$

5
$$\begin{array}{r} \boxed{4}\,\boxed{7} \\ \times \quad \boxed{2} \\ \hline 9\ 4 \end{array}$$

3
$$\begin{array}{r} \boxed{7}\,\boxed{2} \\ \times \quad \boxed{9} \\ \hline 6\ 4\ 8 \end{array}$$

6
$$\begin{array}{r} \boxed{7}\,\boxed{8} \\ \times \quad \boxed{3} \\ \hline 2\ 3\ 4 \end{array}$$

응용 UP 1
$$\begin{array}{r} {}^{\bigcirc}\boxed{5}\,\boxed{3} \\ \times \quad {}^{\bigcirc}\boxed{7} \\ \hline 3\ 7\ 1 \end{array}$$

㉠에 가장 큰 수 7, ㉡에 두 번째로 큰 수 5를 넣습니다.

참고 ㉠에 5, ㉡에 7을 넣으면 $73 \times 5 = 365 < 371$이 됩니다.

4
$$\begin{array}{r} {}^{\bigcirc}\boxed{6}\,\boxed{8} \\ \times \quad {}^{\bigcirc}\boxed{4} \\ \hline 2\ 7\ 2 \end{array}$$

㉠에 가장 작은 수 4, ㉡에 두 번째로 작은 수 6을 넣습니다.

참고 ㉠에 6, ㉡에 4를 넣으면 $48 \times 6 = 288 > 272$가 됩니다.

1 (1) 88　　(4) 129　　(7) 162
　　(2) 87　　(5) 198　　(8) 248
　　(3) 335　　(6) 510　　(9) 702

2 (1) 63　　(5) 168
　　(2) 84　　(6) 252
　　(3) 384　　(7) 424
　　(4) 584　　(8) 504

3 (1)
$$\begin{array}{r} 1\ 6 \\ \times \quad 4 \\ \hline 6\ 4 \end{array}$$
(2)
$$\begin{array}{r} 3\ 8 \\ \times \quad 6 \\ \hline 2\ 2\ 8 \end{array}$$

4 (1) 5　　(2) 3

5 108명

6 귤

7 (1)
$$\begin{array}{r} \boxed{3}\,\boxed{2} \\ \times \quad \boxed{6} \\ \hline 1\ 9\ 2 \end{array}$$
(2)
$$\begin{array}{r} \boxed{3}\,\boxed{6} \\ \times \quad \boxed{2} \\ \hline 7\ 2 \end{array}$$

6 사과: $15 \times 8 = 120$(개)

　 귤 　: $27 \times 5 = 135$(개)

　 ⇨ $120 < 135$이므로 귤이 사과보다 더 많습니다.

04 길이와 시간

DAY
32

85쪽
86쪽

연산 UP

1. 59, 4
2. 6, 7
3. 44, 1
4. 36, 3
5. 83, 6
6. 6, 6
7. 4, 3
8. 16, 9
9. 13, 5
10. 17, 5

응용 UP

1. 40, 8
2. 71, 1
3. 13, 6
4. 26, 2

응용 UP

1.
```
   20 cm  4 mm
+  20 cm  4 mm
   40 cm  8 mm
```

2.
```
         2
   23 cm  7 mm
   23 cm  7 mm
+  23 cm  7 mm
   71 cm  1 mm
```

3.
```
   19    10
   20 cm  4 mm
-   6 cm  8 mm
   13 cm  6 mm
```

4.
```
   43    10
   44 cm
-  17 cm  8 mm
   26 cm  2 mm
```

DAY
33

87쪽
88쪽

연산 UP

1. 74 cm 3 mm
2. 27 cm 9 mm
3. 51 cm 2 mm
4. 38 cm 3 mm
5. 64 cm 6 mm
6. 6 cm 6 mm
7. 9 cm 3 mm
8. 25 cm 8 mm
9. 18 cm 5 mm
10. 15 cm 7 mm

응용 UP

1. 24, 1
2. 22, 8
3. 27, 6
4. 20, 7

응용 UP

1.
```
         1
   22 cm  3 mm
+   1 cm  8 mm
   24 cm  1 mm
```

2.
```
   23    10
   24 cm  1 mm
-   1 cm  3 mm
   22 cm  8 mm
```

3.
```
         1
   22 cm  8 mm
+   4 cm  8 mm
   27 cm  6 mm
```

4.
```
   26    10
   27 cm  6 mm
-   6 cm  9 mm
   20 cm  7 mm
```

연산 UP

1	32, 200	6	8, 700
2	5, 500	7	2, 300
3	20, 200	8	1, 700
4	55, 130	9	6, 690
5	120, 383	10	18, 665

응용 UP

1 5 km 930 m

2 1 km 494 m

3 25 km 202 m

4 1 km 490 m

응용 UP

1
$$\begin{array}{r} \overset{10}{\cancel{11}} \text{ km} \quad \overset{1000}{856} \text{ m} \\ - \quad 5 \text{ km} \quad 926 \text{ m} \\ \hline 5 \text{ km} \quad 930 \text{ m} \end{array}$$

2 광안대교: 7420 m = 7 km 420 m
$$\begin{array}{r} \overset{6}{\cancel{7}} \text{ km} \quad \overset{1000}{420} \text{ m} \\ - \quad 5 \text{ km} \quad 926 \text{ m} \\ \hline 1 \text{ km} \quad 494 \text{ m} \end{array}$$

3
$$\begin{array}{r} \overset{2}{11} \text{ km} \quad 856 \text{ m} \\ 7 \text{ km} \quad 420 \text{ m} \\ + \quad 5 \text{ km} \quad 926 \text{ m} \\ \hline 25 \text{ km} \quad 202 \text{ m} \end{array}$$

4
$$\begin{array}{r} \overset{1}{7} \text{ km} \quad 420 \text{ m} \\ + \quad 5 \text{ km} \quad 926 \text{ m} \\ \hline 13 \text{ km} \quad 346 \text{ m} \end{array}$$
$$\begin{array}{r} \overset{12}{\cancel{13}} \text{ km} \quad \overset{1000}{346} \text{ m} \\ - \quad 11 \text{ km} \quad 856 \text{ m} \\ \hline 1 \text{ km} \quad 490 \text{ m} \end{array}$$

연산 UP

1	66 km 200 m	6	6 km 800 m
2	66 km 30 m	7	10 km 650 m
3	105 km 201 m	8	17 km 818 m
4	104 km 60 m	9	14 km 130 m
5	201 km 298 m	10	20 km 750 m

응용 UP

1 3 km 620 m

2 475 m

3 13 km 620 m

응용 UP

1
$$\begin{array}{r} 1 \text{ km} \quad 250 \text{ m} \\ + \quad 2 \text{ km} \quad 370 \text{ m} \\ \hline 3 \text{ km} \quad 620 \text{ m} \end{array}$$

2 버스를 타고 간 거리: 2650 m = 2 km 650 m
$$\begin{array}{r} \overset{2}{\cancel{3}} \text{ km} \quad \overset{1000}{125} \text{ m} \\ - \quad 2 \text{ km} \quad 650 \text{ m} \\ \hline 475 \text{ m} \end{array}$$

3
$$\begin{array}{r} \overset{31}{\cancel{32}} \text{ km} \quad \overset{1000}{} \text{ m} \\ - \quad 18 \text{ km} \quad 380 \text{ m} \\ \hline 13 \text{ km} \quad 620 \text{ m} \end{array}$$

연산 UP

1. 20, 12
2. 28, 38
3. 42, 21
4. 51, 9
5. 52, 30
6. 11, 35
7. 10, 34
8. 11, 39
9. 3, 38
10. 14, 54

응용 UP

1. 22분 48초
2. 보이 찰턴
3. 4분 14초
4. 8분 17초

응용 UP

2

$$
\begin{array}{r}
\overset{1}{14분} \quad 31초 \\
+\quad 5분 \quad 35초 \\
\hline
20분 \quad 6초
\end{array}
$$

3

$$
\begin{array}{r}
\overset{19}{\underset{20분}{}} \quad \overset{60}{6초} \\
-\quad 15분 \quad 52초 \\
\hline
4분 \quad 14초
\end{array}
$$

4

$$
\begin{array}{r}
22분 \quad 48초 \\
-\quad 14분 \quad 31초 \\
\hline
8분 \quad 17초
\end{array}
$$

연산 UP

1. 21분 39초
2. 40분 3초
3. 50분
4. 56분 13초
5. 35분 32초
6. 24분 36초
7. 12분 46초
8. 17분 34초
9. 38분 45초
10. 16분 12초

응용 UP

1. 5시 36분 15초
2. 5분 52초
3. 1시간 3분 49초

응용 UP **1** '명탐정 바로'가 시작하는 시각은 5시 15분 30초입니다. 따라서 '명탐정 바로'가 끝나는 시각은
5시 15분 30초＋20분 45초＝5시 35분 75초＝5시 36분 15초입니다.

2 24분 28초－18분 36초＝23분 88초－18분 36초＝5분 52초
⇨ '요리조리 쿡'은 '곤충의 세계'보다 방영 시간이 5분 52초 더 깁니다.

3 20분 45초＋18분 36초＋24분 28초＝62분 109초＝63분 49초＝1시간 3분 49초
⇨ 지호가 방송을 본 시간은 모두 1시간 3분 49초입니다.

연산 UP

1	6, 24, 46	6	2, 37, 19
2	5, 11, 38	7	2, 38, 18
3	12, 22, 15	8	8, 10, 52
4	17, 14, 10	9	2, 14, 44
5	9, 12, 5	10	2, 43, 18

응용 UP

1 10시 30초

2 15시 1분 10초 (또는 오후 3시 1분 10초)

3 13시 13분 14초 (또는 오후 1시 13분 14초)

4 2시간 8분 8초

5 4시간 28분 45초

응용 UP

1 수원 도착 시각

```
      1
    9시  15분  30초
 +       45분
   10시        30초
```

2 광주 도착 시각

```
      1     1
   11시  35분  24초
 +  3시간 25분  46초
   15시   1분  10초
```

3 대전 출발 시각

```
   15시  23분  42초
 - 2시간 10분  28초
   13시  13분  14초
```

4 전주 → 광주 이동 시간

```
   17시  35분  24초
 - 15시  27분  16초
   2시간  8분   8초
```

5 울산 → 목포 이동 시간

```
        60
   21   14    60
   22시  15분  23초
 - 17시  46분  38초
   4시간 28분  45초
```

연산 UP

1	11시 41분 14초	6	2시 17분 33초
2	5시간 24분	7	1시간 12분 56초
3	16시간 27분 16초	8	3시간 40분 17초
4	17시간 14분 10초	9	1시 32분 8초
5	11시 32분 54초	10	8시간 46분 38초

응용 UP

1 14시간 45분 28초

2 17시 17분 31초
(또는 오후 5시 17분 31초)

3 5시간 11분 29초

응용 UP

1

```
   19시  56분  33초
 -  5시  11분   5초
   14시간 45분  28초
```

2

```
    1     1
    7시  43분  32초
 +  9시간 33분  59초
   17시  17분  31초
```

3

```
        44    60
   14시간 45분  28초
 -  9시간 33분  59초
    5시간 11분  29초
```

1 (1) 17 cm (4) 5 cm 7 mm

(2) 34 km 20 m (5) 13 km 810 m

(3) 44 km 617 m (6) 23 km 870 m

2 (1) 6시 45초 (4) 2시간 6분 57초

(2) 7시간 42분 13초 (5) 50분 15초

(3) 11시 16분 20초 (6) 5시 34분 42초

3 17 cm 2 mm

4 540 m

5 9시 51분 5초

6 11시 45분 15초

---

3 108 mm＝10 cm 8 mm

연필과 크레파스를 이어 놓으면

10 cm 8 mm＋6 cm 4 mm＝16 cm 12 mm＝17 cm 2 mm

4 1780 m＝1 km 780 m

2 km 320 m－1 km 780 m＝1 km 1320 m－1 km 780 m

＝540 m

5 9시 15분 37초＋35분 28초＝9시 50분 65초

＝9시 51분 5초

6 오후 1시 27분 42초를 13시 27분 42초로 바꾸어 계산합니다.

```
        12       60
       13시     27분   42초
  －     1시간    42분   27초
       11시     45분   15초
```

05 분수와 소수

DAY
41

107쪽
108쪽

연산 UP

1. $\dfrac{1}{4}$

2. $\dfrac{4}{6}$

3. $\dfrac{7}{9}$

4. $\dfrac{6}{8}$

5. $\dfrac{2}{4}$

6. $\dfrac{2}{5}$

7. $\dfrac{4}{7}$

8. $\dfrac{2}{4}$

9. $\dfrac{3}{4}$

10. $\dfrac{3}{7}$

응용 UP

DAY
42

109쪽
110쪽

연산 UP

1. 예

2. 예

3. 예

4. 예

5. 예

6. 예

7. 예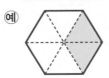

8. 예

9. 예

10. 예

응용 UP

1. 예 / 8, 5

2. 예  / 4, 2

3. 예 / 3, 2

4. 예 / 5, 4

연산 UP

1 $\dfrac{1}{2}$, $\dfrac{1}{2}$

2 $\dfrac{1}{4}$, $\dfrac{3}{4}$

3 $\dfrac{2}{4}$, $\dfrac{2}{4}$

4 $\dfrac{3}{4}$, $\dfrac{1}{4}$

5 $\dfrac{1}{3}$, $\dfrac{2}{3}$

6 $\dfrac{2}{3}$, $\dfrac{1}{3}$

7 $\dfrac{1}{6}$, $\dfrac{5}{6}$

8 $\dfrac{2}{6}$, $\dfrac{4}{6}$

9 $\dfrac{4}{6}$, $\dfrac{2}{6}$

10 $\dfrac{5}{8}$, $\dfrac{3}{8}$

11 $\dfrac{2}{10}$, $\dfrac{8}{10}$

바로개념 전체에 ○표

응용 UP

1 $\dfrac{1}{4}$

2 $\dfrac{3}{8}$

3 $\dfrac{2}{5}$

4 $\dfrac{2}{3}$

5 $\dfrac{1}{7}$

응용 UP 3 하은이네 반 학생 수를 똑같이 5로 나누었을 때 그중 3만큼이 여학생이므로 남학생이 차지하는 부분은 5−3=2입니다. 따라서 남학생은 전체의 $\dfrac{2}{5}$입니다.

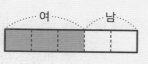

5 식빵을 똑같이 7로 나눈 것 중의 2와 4만큼 먹었으므로 남은 부분은 7−2−4=1입니다. 따라서 남은 식빵은 전체의 $\dfrac{1}{7}$입니다.

연산 UP

1 <

2 >

3 <

4 >

5 <

6 >

7 <

8 <

9 >

10 <

11 <

12 >

13 <

14 >

바로개념 1

응용 UP

1 민정

2 재민

3 코끼리

4 민하, 재희, 승우

5 소민

응용 UP 4 피자 한 판을 똑같이 9조각으로 나누었고 그중 승우는 2조각, 재희는 3조각을 먹었으므로 민하는 남은 4조각을 먹었습니다. 따라서 민하는 전체의 $\dfrac{4}{9}$를 먹었으므로 많이 먹은 순서대로 이름을 쓰면 민하, 재희, 승우입니다.

5 남은 도화지는 소민이가 $\dfrac{1}{7}$, 지호가 $\dfrac{1}{9}$입니다.

$\dfrac{1}{7} > \dfrac{1}{9}$이므로 남은 도화지가 더 많은 사람은 소민입니다.

연산 UP

1	>	**8**	<
2	<	**9**	<
3	>	**10**	>
4	<	**11**	>
5	<	**12**	<
6	<	**13**	<
7	>	**14**	<

응용 UP

1 $\dfrac{4}{8}, \dfrac{5}{8}$

2 1, 2, 3

3 $\dfrac{1}{3}$

4 $\dfrac{1}{6}, \dfrac{1}{5}$

응용 UP **2** $\dfrac{\square}{12}$ 는 $\dfrac{4}{12}$ 보다 작아야 하므로 □ 안에는 4보다 작은 1, 2, 3이 들어갈 수 있습니다.

3 만들 수 있는 단위분수는 $\dfrac{1}{3}, \dfrac{1}{6}, \dfrac{1}{9}$ 이고 이 중에서 가장 큰 분수는 $\dfrac{1}{3}$ 입니다.

4 $\dfrac{1}{7}$ 보다 큰 단위분수는 분모가 7보다 작아야 하고 $\dfrac{1}{4}$ 보다 작은 단위분수는 분모가 4보다 커야 합니다.

따라서 $\dfrac{1}{7}$ 보다 크고 $\dfrac{1}{4}$ 보다 작은 단위분수는 $\dfrac{1}{6}, \dfrac{1}{5}$ 입니다.

연산 UP

1	0.3	**8**	$\dfrac{7}{10}$
2	0.2	**9**	$\dfrac{4}{10}$
3	0.7	**10**	$\dfrac{5}{10}$
4	0.4	**11**	$\dfrac{6}{10}$
5	0.6	**12**	$\dfrac{8}{10}$
6	0.1	**13**	$\dfrac{9}{10}$
7	0.9	**14**	$\dfrac{2}{10}$

응용 UP

1 예 / 6, 6

2 예 / 5, 5

3 예 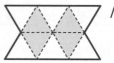 / 4, 4

4 예 / 8, 8

연산 UP

1 1, 0.8 / 1.8

2 2, 0.6 / 2.6

3 3, 0.9 / 3.9

4 4, 0.5 / 4.5

5 5, 0.2 / 5.2

6 6, 0.4 / 6.4

응용 UP

1 0.4, 1.2, 2.7, 4.6, 7.9

2 7, 11, 25, 43, 56

3 6, 13, 47, 82, 69

4 1.5, 2.6, 4.8, 8.6, 13.4

연산 UP

1 0.1

2 4.2

3 12.9

4 5.4

5 6.8

6 7.7

7 0.1

8 3.5

9 15.3

10 6.2

11 9.7

12 0.1

13 4.6

14 32.7

15 7.8

16 8.3

응용 UP

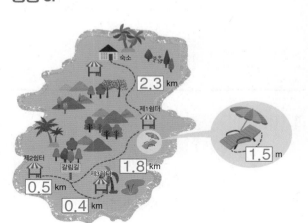

응용 UP • 숙소~제1쉼터: 2 km 300 m＝2.3 km

• 제1쉼터~갈림길: 1800 m＝1.8 km

• 간이침대 길이: 1 m 50 cm＝1.5 m

• 갈림길~제2쉼터: 500 m＝0.5 km

• 갈림길~제3쉼터: 400 m＝0.4 km

연산 UP

1	<	9	>
2	<	10	<
3	>	11	<
4	>	12	>
5	<	13	<
6	>	14	>
7	<	15	>
8	>	16	>

응용 UP

1 0.4, 0.5

2 1, 2, 3, 4

3 2모둠

4 ㉰, 13.2 cm

응용 UP 1 0.1이 3개인 수는 0.3이고 $\frac{6}{10}$＝0.6이므로 0.3보다 크고 0.6보다 작은 소수는 0.4, 0.5입니다.

2 소수 부분이 5＞3이므로 □는 4이거나 4보다 작아야 합니다.
따라서 □ 안에 들어갈 수 있는 수는 1, 2, 3, 4입니다.

4 ㉮: 12.5 cm, ㉯: 12.8 cm, ㉰: 13.2 cm
⇨ 12.5＜12.8＜13.2이므로 가장 긴 빨대는 ㉰이고 13.2 cm입니다.

---

1 (1) $\frac{4}{6}$ (3) $\frac{2}{8}$

(2) $\frac{3}{5}$ (4) $\frac{5}{9}$

2 (1) 0.6 (3) $\frac{3}{10}$

(2) 0.8 (4) $\frac{4}{10}$

3 (1) < (4) <

(2) > (5) <

(3) < (6) >

4 (1) 예 (2) 예

5 $\frac{2}{7}$

6 우빈, 진우, 민경

7 0.5, 0.6, 0.7에 ○표

8 1, 2, 3, 4

6 $\frac{9}{10}$ m＝0.9 m이고, 210 cm＝2.1 m이므로 1.8, 0.9, 2.1을 비교하면 0.9＜1.8＜2.1입니다.
따라서 멀리 뛴 학생부터 차례대로 이름을 쓰면 우빈, 진우, 민경입니다.

7 $\frac{4}{10}$＝0.4이고, 0.1이 8개인 수는 0.8이므로 0.4보다 크고 0.8보다 작은 소수는 0.5, 0.6, 0.7입니다.

8 □＝5이면 5.8＞5.7이 되므로 □ 안에는 5보다 작은 1, 2, 3, 4가 들어갈 수 있습니다.

기적의 학습서

" 오늘도 한 뼘 자랐습니다. "